用于国家职业技能鉴定

国家职业资格培训教程

GUOJIA ZHIYE ZIGE PEIXUN JIAOCHENG

YONGYU GUOJIA ZHIYE JINENG JIANDING

制冷工

（初级）

第2版

编审委员会

主　任	刘　康				
副主任	张亚男				
委　员	孙儒本	张志林	王玉璋	张青磊	邵小英
	李伟杰	时　阳	贺小营	程花蕊	刘群生
	王晓冬	董生怀	杜鹃丽	周　丹	胡春霞
	李春艳	王　岚	陈国智	陈利平	张　懿
	刘利海	薛永飞	车福亮	陈　蕾	张　伟

编审人员

主　编	程花蕊				
副主编	董生怀	刘　冰			
编　者	贺小营	刘群生	陈利平	庄建源	马　伟
主　审	时　阳				
审　稿	王晓冬				

中国劳动社会保障出版社

图书在版编目(CIP)数据

制冷工：初级/中国就业培训技术指导中心组织编写. —2版. —北京：中国劳动社会保障出版社，2010
国家职业资格培训教程
ISBN 978-7-5045-8681-0

I. ①制⋯ Ⅱ. ①中⋯ Ⅲ. ①制冷工程-技术培训-教材 Ⅳ. ①TB6

中国版本图书馆 CIP 数据核字(2010)第 199789 号

中国劳动社会保障出版社出版发行
(北京市惠新东街1号　邮政编码：100029)
出版人：张梦欣

*

北京市艺辉印刷有限公司印刷装订　新华书店经销
787毫米×1092毫米　16开本　11.5印张　197千字
2010年10月第2版　2021年3月第12次印刷
定价：22.00元

读者服务部电话：(010) 64929211/84209101/64921644
营销中心电话：(010) 64962347
出版社网址：http://www.class.com.cn

版权专有　侵权必究

如有印装差错，请与本社联系调换：(010) 81211666
我社将与版权执法机关配合，大力打击盗印、销售和使用盗版图书活动，敬请广大读者协助举报，经查实将给予举报者奖励。
举报电话：(010) 64954652

前　言

为推动制冷工职业培训和职业技能鉴定工作的开展，在制冷工从业人员中推行国家职业资格证书制度，中国就业培训技术指导中心在完成《国家职业技能标准·制冷工》(2009年修订)（以下简称《标准》）制定工作的基础上，组织参加《标准》编写和审定的专家及其他有关专家，编写了制冷工国家职业资格培训系列教程（第2版）。

制冷工国家职业资格培训系列教程（第2版）紧贴《标准》要求，内容上体现"以职业活动为导向、以职业能力为核心"的指导思想，突出职业资格培训特色；结构上针对制冷工职业活动领域，按照职业功能模块分级别编写。

制冷工国家职业资格培训系列教程（第2版）共包括《制冷工（基础知识）》《制冷工（初级）》《制冷工（中级）》《制冷工（高级）》《制冷工（技师）》5本。《制冷工（基础知识）》内容涵盖《标准》的"基本要求"，是各级别制冷工均需掌握的基础知识；其他各级别教程的章对应于《标准》的"职业功能"，节对应于《标准》的"工作内容"，节中阐述的内容对应于《标准》的"技能要求"和"相关知识"。

本书是制冷工国家职业资格培训系列教程（第2版）中的一本，适用于对初级制冷工的职业资格培训，是国家职业技能鉴定推荐辅导用书，也是初级制冷工职业技能鉴定国家题库命题的直接依据。

本书由郑州牧业工程高等专科学校程花蕊任主编，郑州牧业工程高等专科学校董生怀、河南省职业技能鉴定指导中心刘冰任副主编；郑州轻工业学院时阳任主审，郑州市外贸畜产品加工厂王晓冬任审稿。各章节的编写分工为：郑州牧业工程高等专科学校程花蕊编写了第1章；郑州牧业工程高等专科学校董生怀编写了第2章；华北水利水电学院陈利平，郑州牧业工程高等专科学校贺小营、刘群生，河南省职业技能鉴定指导中心刘冰、庄建源、马伟编写了第3章。

本书在编写过程中得到河南省亿鑫空调工程技术有限公司、郑州博豪人工环境设备有限公司等单位的大力支持与协助，在此一并表示衷心的感谢。

中国就业培训技术指导中心

目录

CONTENTS 国家职业资格培训教程

第1章　操作与调整制冷系统 ……………………………………（1）

第1节　操作准备 ……………………………………………（1）
学习单元1　采集系统参数 ……………………………………（1）
学习单元2　填写、分析运行日志 ……………………………（14）

第2节　开停机 ………………………………………………（25）
学习单元1　制冷系统常规开停机 ……………………………（25）
学习单元2　制冷系统故障紧急停机 …………………………（48）
学习单元3　补充冷却水或载冷剂 ……………………………（54）

第3节　巡检 …………………………………………………（61）
学习单元1　确认系统运行参数 ………………………………（61）
学习单元2　添加与排放冷冻机油 ……………………………（71）
学习单元3　排除不凝性气体 …………………………………（81）

第4节　融霜操作 ……………………………………………（86）

第5节　调整运行参数 ………………………………………（94）
学习单元1　调整供液阀 ………………………………………（94）
学习单元2　调控载冷剂流量及液面 …………………………（99）

思考题 …………………………………………………………（103）

第2章 处理制冷系统故障 (104)

第1节 处理制冷压缩机故障 (104)
学习单元1 排除制冷压缩机曲轴箱压力过高故障 (104)
学习单元2 排除阀杆泄漏故障 (106)

第2节 处理电气系统故障 (110)
学习单元1 分析电源故障 (110)
学习单元2 继电器复位 (114)

第3节 处理辅助设备故障 (117)
学习单元1 检测系统泄漏 (117)
学习单元2 排除冷却水故障 (120)
学习单元3 消除氨泵（制冷剂泵）气蚀 (126)

思考题 (130)

第3章 维护制冷系统 (131)

第1节 保养制冷压缩机 (131)
学习单元1 机房、设备间工作环境维护 (131)
学习单元2 设备防腐、防锈 (136)
学习单元3 紧固松动螺栓 (138)

第2节 保养辅助设备 (142)
学习单元1 清扫水冷却系统 (142)
学习单元2 调整、更换V带 (145)
学习单元3 调节循环水池水位 (150)
学习单元4 清扫空气冷却式冷凝器 (160)
学习单元5 轴承充注润滑油、润滑脂 (161)

第3节 更换定检装置 (168)

思考题 (175)

参考文献 (176)

第1章 操作与调整制冷系统

第1节 操作准备

学习单元1 采集系统参数

学习目标

➢ 熟悉制冷系统温度、压力、液位测点及作用
➢ 掌握电压、电流、温度、压力、液位等仪表的作用及识读方法
➢ 能采集系统参数

知识要求

制冷系统正常运行时，有许多参数需要测量或控制，如电压、电流、温度、压力、液位等，本学习单元重点介绍制冷系统常用仪表的作用及识读方法。

一、常用仪表的识读

1. 电压表

电压表用于测量电源、负载或某段电路两端的电压。根据工作电流的种类，电压表可分为直流电压表和交流电压表。根据仪表量程数值的大小，电压表可分为千伏表（符号：kV）、伏特表（符号：V）、毫伏表（符号：mV）和微伏表（符号：μV）等。使用电压表时，应根据被测电压的大小选择不同的电压表。常用电压表的外观如图1—1所示。

用电压表测量负载两端的电压时，应将电压表并联在负载的两端，如图1—2所示。测量直流电压常选择IC2－V型仪表，使用时应注意仪表的极性与电路的极性一致，即电压表"＋"端接在电路的高电位端，电压表"－"端接在电路的低电位端，绝对不允许接反。测量交流电压常采用1 T、44 L、59 L、61 L、62 L、81 T、81 L等系列仪表，测量交流电压不必区分极性，但需正确选择量程。交流电压表测的电压是交流电压的有效值。

图1—1　电压表外观图

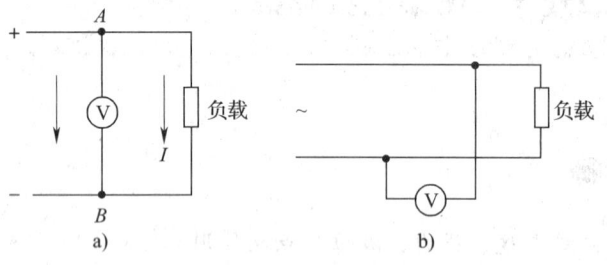

图1—2　电压表在电路中的连接
a) 直流电压表在电路中的连接　b) 交流电压表在电路中的连接

当被测电压超出仪表的测量量程时，应采取措施扩大电压表的量程。具体使用中常采用分压器扩大直流电压表的量程，采用电压互感器扩大交流电压表的量程。

2. 电流表

电流表用于测量电路中的电流强度。根据工作电流的种类，电流表可分为直流电流表和交流电流表。根据仪表量程数值的大小，电流表可分为安培表（符号：A）、毫安表（符号：mA）和微安表（符号：μA）等。常用电流表的外观如图1—3所示。使用电流表时，应根据被测电流的大小选择不同的电流表。

用电流表测量某一支路的电流时，应将电流表串联在电路中，如图1—4所示。测量直流电流常选择 IC2 - A 型仪表，使用时应注意仪表的极性与电路的极性一致，即电流由电流表的"＋"端进入，"－"端流出，不能接反，否则仪表指针会反转，严重时会打弯指针。测量交流电流常采用 1 T、44 L、59 L、61 L、62 T、81 T、85 T 等系列仪表。测量交流电流不必区分极性，但需正确选择量程。

图1—3 电流表外观图

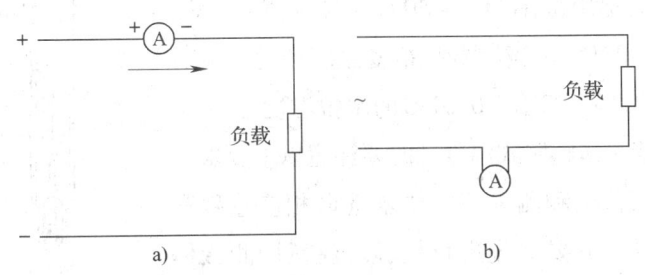

图1—4 电流表在电路中的连接

a) 直流电流表在电路中的连接　b) 交流电流表在电路中的连接

当被测电流超出仪表的测量量程时，应采取措施扩大电流表的量程。具体使用中常采用分流器扩大直流电流表的量程，采用电流互感器扩大交流电流表的量程。

交流电流表在小电流中可以直接使用（一般在 5 A 以下），但在大型制冷系统中，制冷设备的容量都较大，所以大多与电流互感器一起使用。选择电流表前要先算出设备的额定工作电流，再选择合适的电流互感器，最后选择电流表。例如：设备为一台 30 kW 的电动机，额定电流约 60 A，这时就需要选择 75/5 A 的电流互感器，则电流表选择量程为 0～75 A。

3．温度计

(1) 膨胀式温度计

膨胀式温度计是基于物体受热体积膨胀的性质制成的温度计，分为玻璃管液体膨胀式和固体膨胀式两类。

1) 玻璃管液体膨胀式温度计。玻璃管液体膨胀式温度计又称玻璃棒温度计，在制冷系统中使用最普遍，它结构简单、价格低廉、易安装、读数方便，其结构如图1—5所示。感温包内装水银的称为水银温度计，装酒精的称为酒精温度计（为读数方便，通常将酒精染成红色）。

玻璃管液体膨胀式温度计的测量原理是：当感温包感受到被测量温度时，由于水银或酒精的热胀冷缩作用，体积发生变化，会引起毛细管中液柱高低的变化，从而根据温度计上的刻度标尺就可读出被测物体的温度。

玻璃管液体膨胀式温度计的特点是测量准确、读数直观、稳定性好、结构简单、使用方便、测温范围广、价格低廉，但也存在易碎、信号不能远程传送和不能自动记录等缺点。水银温度计适用于 -30~600℃ 范围测温，酒精温度计可用于低温（-80℃）场合。空调系统测试温度的常用范围为 0~50℃，分度值有 1℃、0.5℃、0.2℃、0.1℃。当测量高精度温度场时，还有分度值为 0.05℃、0.02℃、0.01℃的水银温度计。

使用玻璃管液体膨胀式温度计时要注意以下要求：

①根据测量范围和测量精度要求选取相应量程和分度值的温度计，并要事先进行校验。注意所测液体温度不能超过量程。

②温度计的玻璃泡（感温包）要全部浸入被测的液体中，但不要碰到容器底或容器壁。同时人体要与温度计离开一些距离。

③温度计的玻璃泡（感温包）浸入被测液体后要稍等一会，待温度计的示数稳定后再读数。由于水银温度计的热惯性较大，在使用时应提前 15 min 左右将温度计放入被测介质中。

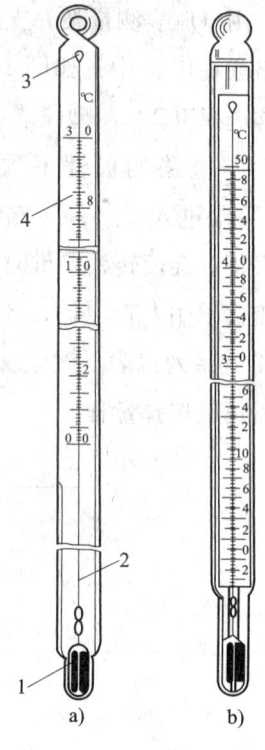

图 1—5　玻璃管液体膨胀式温度计

a) 棒式　b) 内标式

1—感温包　2—毛细管
3—膨胀泡　4—标尺

④读数时温度计的玻璃泡要继续留在液体中，要屏住呼吸，视线与温度计中液柱的上表面及标尺线相平，先读小数，后读整数。

2）固体膨胀式温度计。固体膨胀式温度计广泛采用的是双金属温度计。它是利用两种膨胀系数相差很大的金属材料叠焊成一体构成双金属片，其一端固定，另一端自由。当温度升高后，由于膨胀系数不同，双金属片向膨胀系数小的一侧弯曲，弯曲度的大小反映被测温度的高低，如图 1—6 所示。实际应用中，为了增加灵敏度把双金属片绕成螺管形状，并用指针在刻度盘上显示出温度的读数。双金属温度计的结构如图 1—7 所示，一种是轴向结构，双金属温度计的刻度盘平面与保护管成垂直方向连接；另一种是径向结构，双金属温度计的刻度盘平面与保护管处在同一平面内。

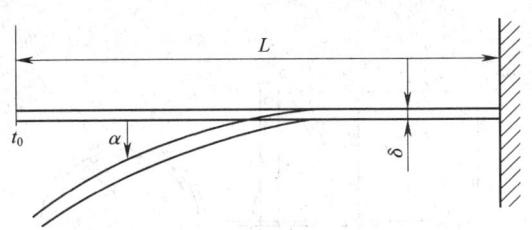

图1—6 双金属温度计工作原理图

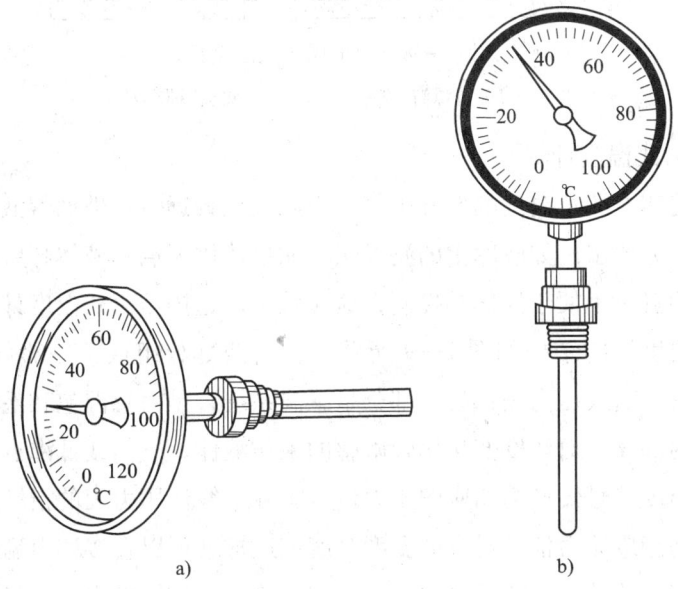

图1—7 双金属温度计
a) 轴向 b) 径向

双金属温度计的外壳直径有三种，即60 mm、100 mm和150 mm。保护管直径有五种规格，即4 mm、6 mm、8 mm、10 mm和12 mm，其长度与自身直径有关，如直径为4 mm的保护管，最大长度为300 mm，直径为12 mm的保护管，最大长度为500 mm。保护管的材质有黄铜、碳钢和不锈钢等，工作中可依据被测介质的不同而选择。

双金属自记温度计如图1—8所示，双金属片在感受温度后，自由端将会发生相对位移，通过杠杆带动记录笔在自计筒上记录出被测温度的变化，例如用于测量恒温房间一昼夜的温度波动情况。

双金属温度计结构简单、耐振动、耐冲击、使用维护方便、价格便宜，适用于振动较大的场合；缺点是误差较大，在使用前要用分度值为0.1℃的水银温度计进行对比校正，如有误差，通过调整调节螺钉来校正。一般用于离心式冷水机组或溴化锂制冷机的温度记录，或将温度通过记录机构记录在纸上。

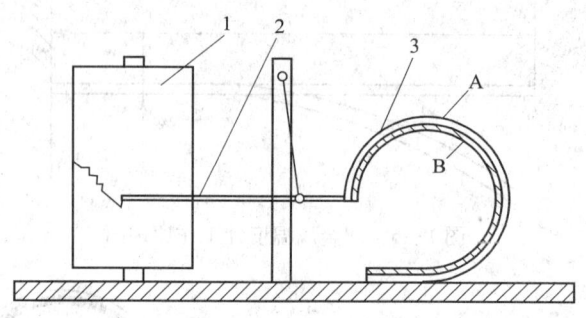

图1—8 双金属自记温度计

1—自计筒 2—记录笔 3—双金属带

（2）压力式温度计

制冷系统需要测量温度的地方很多，当测温点较远时，玻璃管液体膨胀式温度计就显得很不方便了。如冷库中的测温点，如果使用玻璃管液体膨胀式温度计，不仅不方便，而且也不便于操作和控制，这时就可以选用压力式温度计。

压力式温度计的结构如图1—9所示。它由两部分组成：一部分是显示系统，实际上是一只弹簧式压力表；另一部分是感温系统，是由感温包和毛细管组成的封闭系统，其内部充入对温度变化比较敏感的工作液体、气体或低沸点液体的饱和蒸气，它会把温度信号转换为相应的压力信号，并最终使压力表的指针发生偏转。表盘上绘制的是相应压力信号对应的温度刻度，这样就可以直接读出温度值了。压力式温度计具有显著的测量滞后时间，以气体式最大，液体次之，蒸气式最小，测温范围为 $-60 \sim 550℃$。

根据使用情况的不同，毛细管有长短之分。使用时需要注意三点：一是需使感温包与被测介质接触；二是不能对折毛细管，以防止感温系统泄漏；三是不能测量超过盘面指示最大温度的温度，否则会损坏指示系统，或使感温系统内压力太高，造成感温系统漏气，损坏压力式温度计。

（3）热电偶温度计

将两种不同性质的金属导体的两端焊在一起，构成一个闭合回路，当两端接点温度不同时，在闭合回路中就会有热电势产生，形成热电效应，根据热电势的大小就可反映出其测点的温度。热电偶温度计需与二次仪表（电位差计）配套使用，其测温精确可靠，可以多点测温、远距离集中显示或巡回显示，可以自动记录或与调

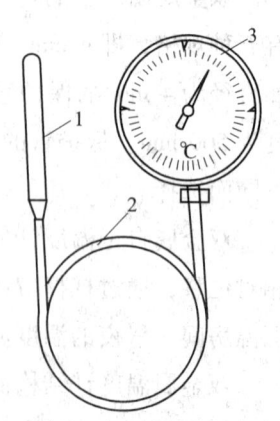

图1—9 压力式温度计

1—感温包 2—毛细管
3—表头

节控制机构相连。

常用的热电偶是由热电极（热偶丝）、绝缘材料（绝缘管）和保护套等部件构成。热电偶包括许多类型，常用的为铜－康铜（T型）热电偶，其测温范围为 $-200 \sim 350$℃，热电极直径为 $0.2 \sim 1.6$ mm，它的最高测量温度与热电极直径有关。在使用时热电偶温度计通常需进行冷端补偿。

（4）电阻式温度计

电阻式温度计是根据金属导体的电阻值随温度变化而变化这一特性原理制成的。温度越高，电阻值越大；温度越低，电阻值越小。它需与二次仪表（温度自动记录仪）配套使用。

电阻式温度计测温反应快，测量精度和灵敏度高，测量温度范围宽，不需要冷端补偿，可以远距离测量，测温范围为 $-200 \sim 550$℃。

常见金属电阻为铂电阻与铜电阻，热电阻由感温元件（电阻丝）、绝缘套管保护套、保护管（夹持件）和接线盒（引出线）等组成。

热电阻的受热部分是均匀地双绕在绝缘材质制成的骨架上的细金属丝，当被测介质中有温度梯度存在时，所测的温度是感温元件所在的范围内介质层中的平均温度。铂电阻的测温范围是 $-200 \sim 500$℃，铜电阻的测温范围是 $-200 \sim 150$℃。它们的特点是测量的准确度高，但抗振性较差，在振动场合容易损坏。

另外，当采用半导体热敏电阻做感温元件时，称为半导体温度计。它常用来测量物体的表面温度。

4．压力表

（1）压力表的种类

压力的测量与控制是制冷、空调系统中最重要的工作之一。压力表的种类繁多，主要有液柱式压力表、弹簧式压力表。

1）液柱式压力表。液柱式压力表又分为U形管液柱压力表和斜管压差计。U形管液柱压力表的特点是构造简单、测量准确和造价低廉，不足之处是测量范围小、读数不便，所以主要用于压力较低、要求精度不高的测量场合，如测量各级过滤器前后的压差、系统抽真空压力等。斜管压差计又称倾斜液柱压差计，主要用于被测系统压力差较小的场合。

U形管液柱压力表的结构如图1—10所示。它是将一根 $\phi 6 \sim 10$ mm 的玻璃管弯成U形，装在一块有刻度的木板上，玻璃管内装有水银或水。当U形管内装有水时，为便于观察，常把水染成一定的颜色。U形管的 p_1 端与被测容器相连，p_2 端与大气连接，在容器内压力和大气压力的压差作用下，U形管内两端液位出现高度

差 h，U 形管内的压力差就是容器内的压力。一般读取凹面底部所在位置的数值。

2）弹簧式压力表。当所测压力很大时，常常采用弹簧式压力表。弹簧式压力表的规格按盘面的直径分为 60 mm、100 mm、150 mm 等几种，制冷系统大多使用 60 mm 和 100 mm 的压力表，只有那些位置较高或不易观察的位置才使用 150 mm 的压力表。

普通单圈弹簧管压力表的结构如图 1—11 所示。压力表的测量元件为单圈弹簧管，它是一根弯成 270° 圆弧且截面为椭圆形的空心金属管。其一端固定在表座上，与接头 9 相连；另一端为封闭端，可自由变形移动。被测压力接入后，空心金属管在压力作用下变形，其自由端 B 产生位移，带动拉杆 2，使扇形齿轮 3 转动，从而带动中心齿轮 4 旋转，与中心齿轮同轴的指针 5 指示出压力的大小。其中游丝 7 和调整螺钉 8 的作用分别是克服扇形齿轮和中心齿轮间的传动间隙产生的仪表变差，改变机械传动的放大倍数及调整压力表量程。

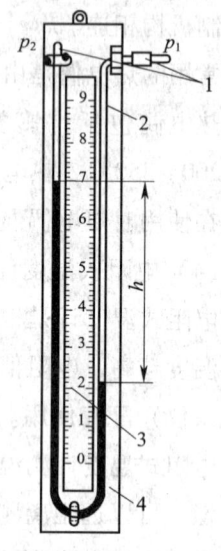

图 1—10 U 形管液柱压力表

1—接头　2—U 形玻璃量管　3—刻度尺　4—底板

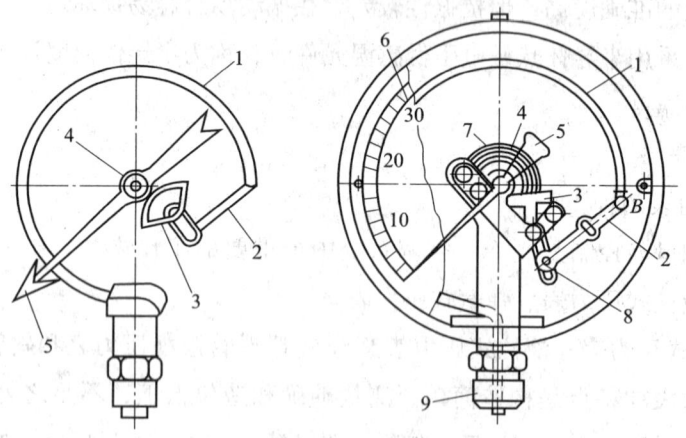

图 1—11 普通单圈弹簧管压力表

1—弹簧管　2—拉杆　3—扇形齿轮　4—中心齿轮　5—指针　6—面板　7—游丝　8—调整螺钉　9—接头

（2）压力表的使用注意事项

1）压力表应竖直安装。

2）压力表使用之前要检查压力表的铅封是否完好，铅封不完整的压力表不能使用，更不允许私自拆开铅封修理、调试压力表。按照国家有关部门的规定，压力表的使用期限为一年,达到使用期限的压力表,一定要拿到国家有关部门指定的检测单位检测,检测合格后方可使用。

3) 测量液体压力时应装缓冲管。

4) 测量稳定压力时,测量值不能超过压力表测量上限的 2/3;测量波动压力时,测量值不能超过压力表测量上限的 1/2。

5. 液位计

(1) 玻璃管直读式液位计

玻璃管直读式液位计是根据连通器原理制作的,如图 1—12 所示。用于观察液位的玻璃管上下两端通过液位计阀与容器相连。液位计阀内带有钢球,可在拆除、更换或玻璃管破损时起密封作用,防止工作液体外泄,保证系统安全。该液位计的特点是读数简单直观、构造简单、价格低廉,但易破损。

(2) 浮标液位计

浮标液位计的结构原理如图 1—13 所示。指针随平衡重物 3 一起移动,平衡重物的重量等于浮标 2 的重力及其在工作液中所受浮力之差。浮标随液面升降并由指针指示出液位在标尺 4 上的数据。

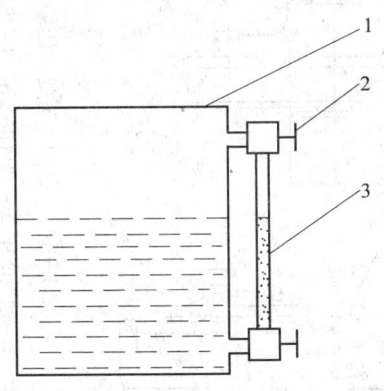
图 1—12　玻璃管直读式液位计
1—容器　2—液位计阀　3—玻璃管

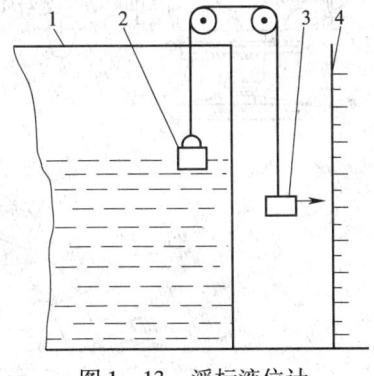
图 1—13　浮标液位计
1—容器　2—浮标　3—平衡重物　4—标尺

二、仪表测点及作用

1. 压缩机吸、排气温度

压缩机吸气温度的测点在吸气管或制冷压缩机吸气口温度计插座处,压缩机排气温度的测点在排气管或制冷压缩机排气口温度计插座处。如图 1—14 所示。设备上没有温度计插座的,安装时应增设温度计插座。

吸、排气口温度计的作用是测量压缩机的吸、排气温度。

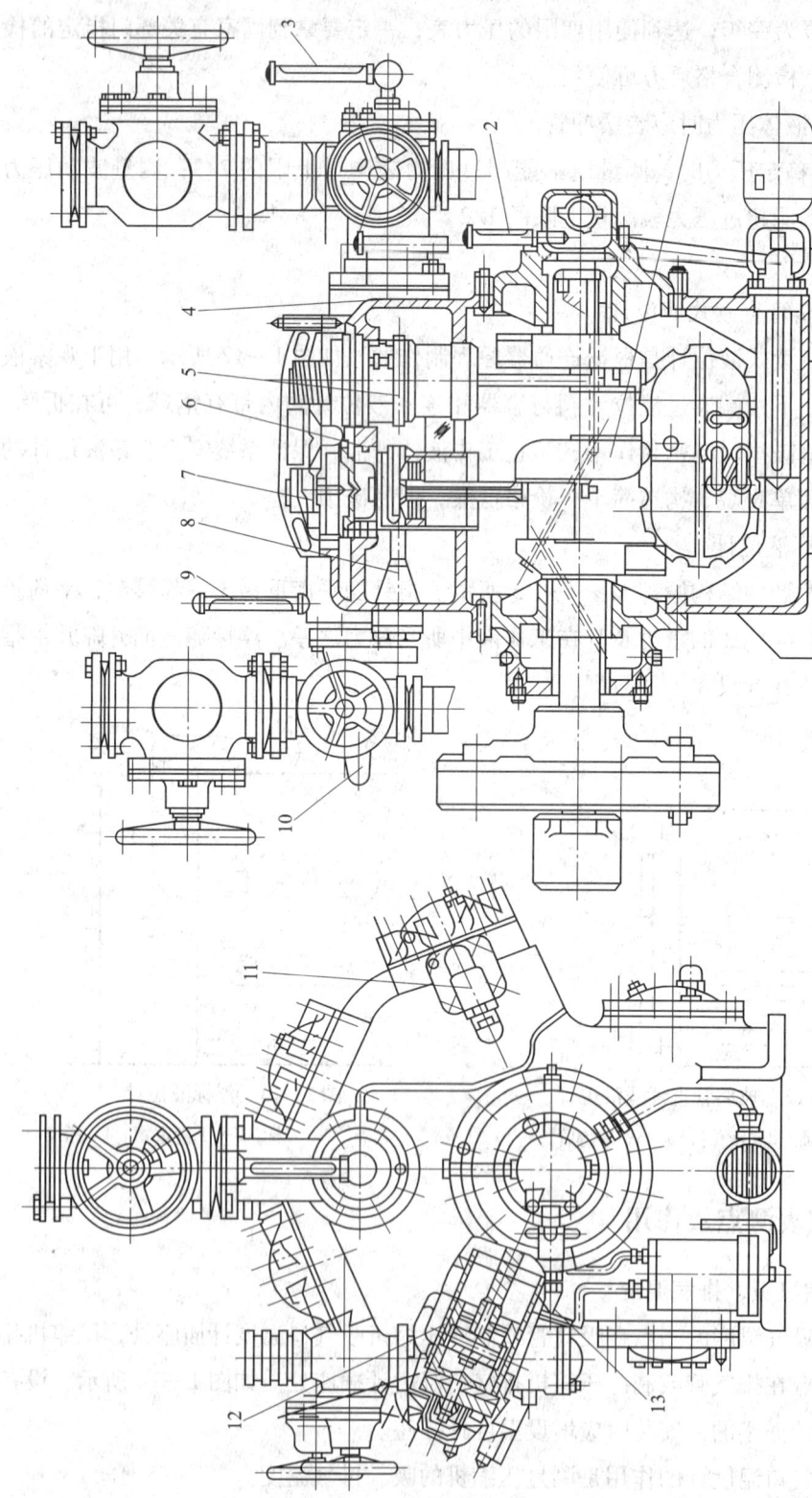

图1—14 （S812.5型）压缩机吸、排气温度测点

1—曲轴 2—油温温度计 3—吸气温度计 4—机体 5、6—气阀缸套组件 7—安全盖
8—能量调节部件 9—排气温度计 10—放空阀 11—安全阀 12—连杆活塞 13—油压调节阀

2．压缩机吸、排气压力

压缩机吸气压力的测点在压缩机吸气管道处通过截止阀连接压力表，压缩机排气压力的测点在压缩机排气管道处通过截止阀连接压力表，如图1—15所示。

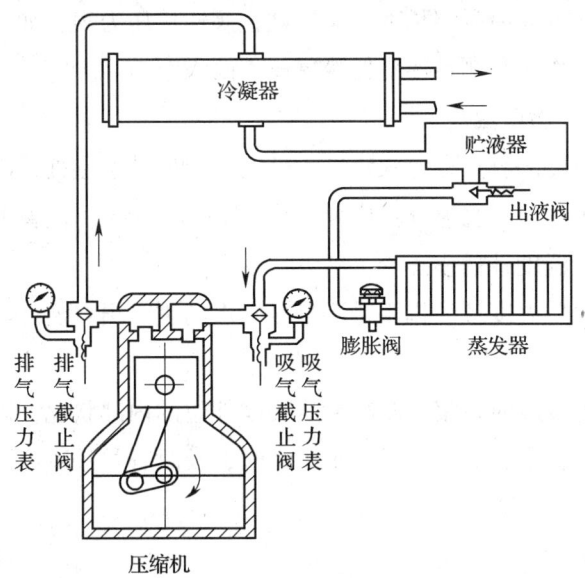

图1—15 压缩机吸、排气压力测点

压缩机吸、排气压力表的作用是测量压缩机的吸、排气压力。

3．冷凝器冷却水进、出口温度

冷凝器冷却水进口温度的测点在冷凝器进水管道口温度计插座处，冷凝器冷却水出口温度的测点在冷凝器出水管道口温度计插座处，如图1—16所示。设备上没

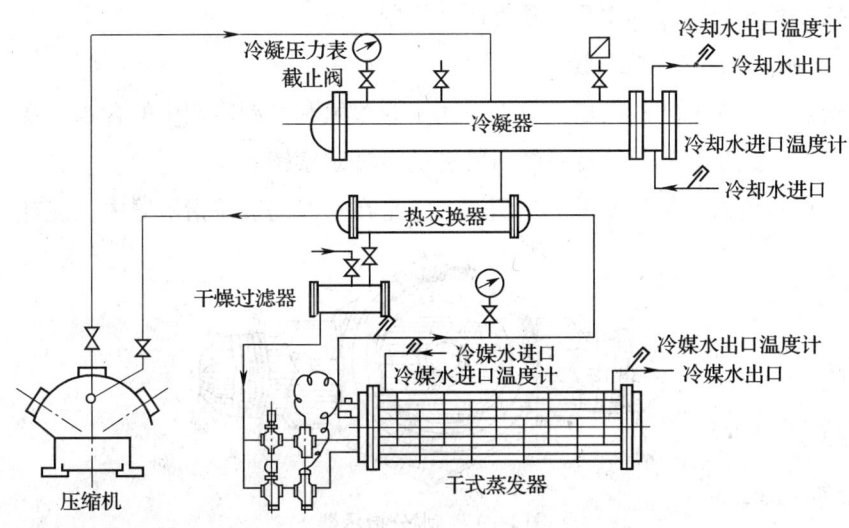

图1—16 活塞式冷水机组的结构示意图

有温度计插座的，安装时应增设温度计插座。

冷凝器冷却水进、出口温度计的作用是测量冷凝器冷却水的进、出口温度。

4. 冷凝压力

冷凝压力的测点在冷凝器顶部，通过截止阀连接压力表，如图1—16所示。

冷凝压力表的作用是测量冷凝器冷凝压力的大小。

5. 冷媒水进、出口温度

冷媒水进口温度的测点在冷媒水进水管道口温度计插座处，冷媒水出口温度的测点在冷媒水出水管道口温度计插座处，如图1—16所示。设备上没有温度计插座的，安装时应增设温度计插座。

冷媒水进、出口温度计的作用是测量冷媒水的进、出口温度。

6. 观察镜

通过观察镜可以随时观察到制冷系统关键部位的内部状况，以便操作人员及时掌握系统运行是否正常，以及在系统不正常时，及时查找故障原因。制冷系统中常用的观察镜有以下三类：

（1）液流观察镜

它安装在制冷剂液管、回油管、冷却水管或者冷媒水管上。可以观察上述各管中的流动情况是否正常，有无断流。

（2）液位观察镜

它用耐压玻璃制作，安装在储液容器的控制液面附近，作为容器的一个透明窗口，常用来观察储液器的液位或曲轴箱的油位。大型压缩机的曲轴箱上往往安装上、下两个观察镜，分别用于观察低限和高限油位。

（3）制冷剂含水量观察镜

它安装在制冷系统的高压液管上，用于观察氟利昂制冷剂中的含水程度，又叫水分指示器。这是氟利昂制冷系统所特有的一种观察镜。

水分指示器的结构如图1—17所示。它是在一般的液流指示器中，装有一个能

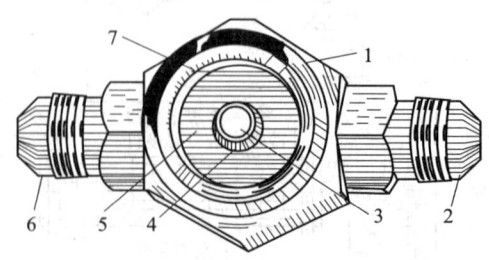

图1—17 水分指示器

1—壳体 2，6—管接头 3—纸质圆心 4—心柱 5—观察镜 7—压环

指示含水量的纸质圆心3，在圆心上涂有金属盐指示剂，含水量不同时，其水化合物能显示出不同的颜色。一般都在指示器上用颜色标明。

技能要求

系统参数采集

步骤1　确定压缩机上温度、压力仪表和视油镜位置

找到压缩机的吸、排气压力表位置，找到压缩机吸、排气温度计位置，找到压缩机的曲轴箱视油镜位置。

步骤2　识读温度计

如图1—18所示，眼睛和温度计指示刻度线处于水平状态，先读出吸气温度计数值，再读出排气温度计数值，并把读出的温度值记录在记录表格中相应的位置。

步骤3　识读压力表

正视压力表，先读出吸气压力表数值，再读出排气压力表数值，把读出的压力值记录在记录表格中相应的位置。

步骤4　识读油位

眼睛和视油镜油位处于水平状态，读出油位，把油位记录在记录表格中相应的位置。

步骤5　确定高压贮液器上温度、压力、液位仪表位置

找到高压贮液器上压力表、液位计的位置，如图1—19所示。

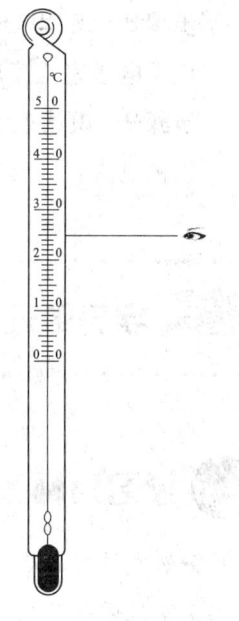

图1—18　识读温度计

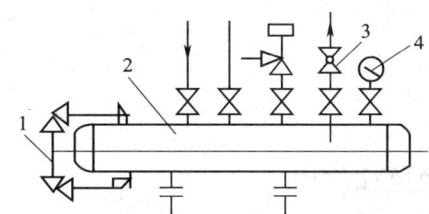

图1—19　高压贮液器上压力、液位仪表测点
1—液位计　2—高压贮液器　3—节流阀　4—压力表

步骤6　识读液位计

眼睛和液位计指示刻度线处于水平状态，读出液位数值，如图1—20所示。用

与上述步骤同样的识读方法读出高压贮液器上的温度值和压力值。把读出的液位、温度、压力值记录在记录表格中相应位置处。

步骤7 确定控制柜上电压、电流仪表位置

在设备电气控制柜上找到电压表、电流表的位置。

步骤8 识读电压表

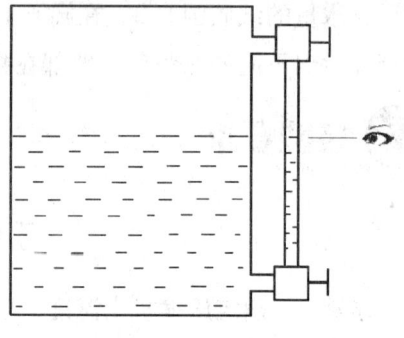

图1—20 识读液位

正视电压表，读出电压表数值，把电压值记录在记录表格中相应位置处。

步骤9 识读电流表

正视电流表，读出电流表数值，把电流值记录在记录表格中相应位置处。

 **学习单元2 填写、分析运行日志**

 学习目标

➢熟悉运行日志的地位和作用
➢掌握运行日志填写格式和要求
➢能填写、分析运行日志
➢能确定正常运行条件
➢能确定各参数符合开机条件

 知识要求

一、运行日志的地位和作用

1. 运行日志的地位

制冷工所从事的制冷机房及系统的值班工作，不仅要确保制冷系统的安全运行和稳定运行，还要做到合理调整制冷系统，降低消耗，改善技术和经济管理水平。制冷系统的运行日志记载着每个班组操作管理的基本情况，它是对设备进行经济考核和技术分析的主要依据。

2. 运行日志的作用

制冷系统的运行日志是记录制冷压缩机及辅助设备运行情况的原始记录，是制冷系统维护管理的重要手段之一，它不仅能反映当班制冷系统的运行情况；更重要的是能为下一班操作人员提供重要的参考依据，保证值班工作的连续性，也有利于学习别人之长，进行相互交流，以更好地完成生产任务。同时通过对运行日志的统计，对制冷压缩机、氨泵、冷风机等设备的运行时间，水、电、油等用品的消耗进行累计，为制冷系统的操作管理及进行技术经济分析提供依据，保证制冷系统运行在最佳状况，既安全可靠，又经济合理。

二、运行日志的填写格式和要求

1. 运行日志的填写格式

制冷系统运行日志的主要内容包括：开机时间、停机时间及工作参数，每班组的水、电、气和制冷剂的消耗情况，各班组对运行情况的说明和建议以及交接班记事等。运行日志记录表的基本格式见表1—1～表1—5。每个单位可根据所用制冷系统的情况制定相应的记录表格。

表1—1　　　　　　　　活塞式压缩机组运行记录表

机组编号：　　　　　班别：早、中、夜（常日）　　　　　日期：

		记录时间								
主电动机	电压	U相								
		V相								
		W相								
	电流	U相								
		V相								
		W相								
	润滑油	油位								
		油温								
		油压								
蒸发器	冷媒	压力								
		温度								
	水压	进水								
		出水								
	水温	进水								
		出水								

续表

	记录时间							
冷凝器	冷媒	压力						
		温度						
	水压	进水						
		出水						
	水温	进水						
		出水						
运行机头数或编号								
备注								

注：压力单位为 MPa，温度单位为℃，电压单位为 V，电流单位为 A。

表1—2　　　　　螺杆式压缩机组运行记录表

机组编号：　　　　　班别：早、中、夜（常日）　　　　　日期：

	记录时间							
主电动机	电压	U 相						
		V 相						
		W 相						
	电流	U 相						
		V 相						
		W 相						
	润滑油	油位						
		油温						
		油压						
蒸发器	冷媒	压力						
		温度						
	水压	进水						
		出水						
	水温	进水						
		出水						
冷凝器	冷媒	压力						
		温度						
	水压	进水						
		出水						
	水温	进水						
		出水						
滑阀位置								
备注								

注：压力单位为 MPa，温度单位为℃，电压单位为 V，电流单位为 A。

表1—3　　　　　　　　　离心式冷水机组运行记录表

机组编号：　　　　　班别：早、中、夜（常日）　　　　　日期：

	记录时间									
主电动机	电压	U相								
		V相								
		W相								
	电流	U相								
		V相								
		W相								
		百分比								
压缩机	导叶开度（%）									
	轴承温度									
	润滑油	油位								
		油温								
		油压								
蒸发器	冷媒	压力								
		温度								
	冷冻水	压力	进水							
			出水							
		温度	进水							
			出水							
冷凝器	冷媒	压力								
		温度								
	冷却水	压力	进水							
			出水							
		温度	进水							
			出水							
备注										

注：压力单位为MPa，温度单位为℃，电压单位为V，电流单位为A。

表1—4　　　　　　　　　制冷系统运行记录表

日期：　年　月　日　　　　　　　　　机号：

班别：早、中、夜（常日）　　　　　制冷量：　　　　　值班人：

设备名称	检查部位	检查内容					
制冷压缩机	吸气管	吸气压力					
		吸气温度					
	排气管	排气压力					
		排气温度					
	视油孔镜	油位					
		洁净度					
	油泵	油压					
		油温					
	轴承	温度					
	轴封	漏油					
	气缸盖	温度					
		阀声音					
电动机	电源	电压					
		电流					
	轴承	温度					
	外壳	温度					
油分离器	筒体	温度					
	视油镜	油位					
贮液器	液位计	液位					
冷凝器	冷却水	入口温度					
		出口温度					
		水压					
		流量					
	液位计	制冷剂液面					
	出液口	温度					
蒸发器	被冷却物（空气、水等）	入口温度					
		出口温度					
		流量					
	空气冷却盘管	着霜情况					
	制冷剂出口	蒸发温度					
		蒸发压力					

续表

设备名称	检查部位	检查内容							
液体管路	过滤器出口管	液体温度							
	液体显示孔	气泡							
	电磁阀线圈	温度							
	膨胀阀入口	液体温度							

注：压力单位为 MPa，流量的单位为 m^3/h，温度单位为℃，电压单位为 V，电流单位为 A。

表1—5　　　　　　　制冷机房运行记录表

日期：　　年　　月　　日　　室外温度：　　　℃　　　星期：　　　机组编号：

记录时间		2:00	4:00	6:00	8:00	10:00	12:00	14:00	16:00	18:00	20:00	22:00	24:00	备注
电源	电压													
	电流													
单级制冷压缩机	吸气压力													
	排气压力													
	油压													
	油温													
	吸气温度													
	排气温度													
	电流													
双级制冷压缩机	低压级	吸气压力												
		排气压力												
		油压												
		油温												
	高压级	吸气压力												
		排气压力												
		油压												
		油温												
		吸气温度												
		排气温度												
		电流												

续表

记录时间		2:00	4:00	6:00	8:00	10:00	12:00	14:00	16:00	18:00	20:00	22:00	24:00	备注
冷凝器	冷凝压力													
	进水温度													
	出水温度													
	水压													
	水泵电流													
	冷凝风机电流													
高压贮液器	压力													
	液位													
低压循环贮液器	压力													
	液位													
中间冷却器	压力													
	液位													
排液桶	压力													
	液位													
1#氨泵	出口压力													
	电流													
2#氨泵	出口压力													
	电流													
1#冷风机电流														
2#冷风机电流														
1#库温														
2#库温														
3#库温														

注：压力单位为 MPa，温度单位为℃，电压单位为 V，电流单位为 A。

2．运行日志的填写要求

运行日志一般每 2 h 记录一次，每班抄表记录 4 次。操作人员必须认真填写运行日志，做到记录及时、准确、有效，填写要完整、清晰、无涂改，并按月汇总装订，作为技术档案妥善保管。

需要注意的是，运行日志表中可以用数字表明的，必须抄清数据；不能用数字表明的，目测正常者在相应位置画"√"，不正常者以简单文字说明。

三、制冷系统的开机条件

以下以氨制冷压缩机为例介绍制冷系统的开机条件。

1．制冷压缩机内无敲击声

（1）制冷压缩机正常运转，膨胀阀开度调节合适，活塞、连杆、活塞销及各轴承等配合适当，接合牢固。运转中只有制冷压缩机吸、排气阀片发出上、下起落清脆的金属声，气缸中应无敲击声和其他不正常的声响。

（2）曲轴箱中应无敲击声，如有敲击声，表明轴承供油不符合要求，或主轴与主轴承间的间隙不适当，应作相应处理。

2．制冷压缩机各摩擦部位温度正常

制冷压缩机各摩擦部位、轴承与轴颈接触良好，润滑正常，工作时不应有局部发热情况或激热情况，否则可能造成摩擦面及轴承严重磨损，轴瓦合金脱落、熔化等后果。安全阀及连接管也不应发热。

3．曲轴箱油位正常

（1）一般制冷压缩机曲轴箱正常油面应在视油镜中间位置。若是两个视油镜，则正常油面应在上视油镜的中心水平线位置，但最低不得低于下视油镜中心水平线位置。另外在制冷压缩机运转过程中，冷冻润滑油不应起泡。

（2）油三通阀的指示位置应在"运转"或"工作"的位置。

4．油压、油温正常

（1）采用压力润滑的制冷压缩机，要求冷冻润滑油油压为 0.05~0.15 MPa，若制冷压缩机设有油压卸载－能量调节装置，则要求冷冻润滑油油压为 0.15~0.3 MPa。

（2）曲轴箱内的油温应不高于 70℃。

（3）正常运行中，压缩机的能量调节装置操作手柄指示箭头应指向最大容量状态。

5．制冷压缩机无结霜现象

低温制冷系统工作过程中，制冷压缩机回气管路结霜应属正常现象，若吸气温度下降很快，并出现制冷压缩机气缸壁和机体结霜现象，这是压缩机湿行程的征兆，应加以注意并采取相应的措施。

6．制冷压缩机的阀门状态正常

（1）单级制冷压缩机的排气操作阀、排气维修阀、吸气操作阀、吸气维修阀均开启,排空阀关闭。

(2) 双级制冷压缩机的高压级排气操作阀、排气维修阀、中压吸气操作阀、吸气维修阀,低压级吸气操作阀、吸气维修阀、排气操作阀、排气维修阀均开启,高压级排空阀及中压级排空阀均关闭。

7. 制冷压缩机安全保护装置的设定值正常

(1) 高压控制器的调定值为 1.5 MPa。

(2) 低压控制器的调定值根据制冷系统工况不同分别调整。用于蒸发温度 -15℃工况条件下调定值为 0.022 6 kPa,用于蒸发温度 -28℃工况条件下调定值为 0.013 1 kPa,用于蒸发温度 -33℃工况条件下调定值为 0.009 3 kPa。

(3) 中压控制器的调定值为 0.6 MPa。

(4) 油压差控制器的调定值为 0.15~0.3 MPa。

8. 制冷系统各辅助设备处于正常状态

(1) 油分离器

洗涤式油分离器的进气阀、出气阀、供液阀均开启,放油阀关闭;离心式和填料式油分离器的进气阀、出气阀均开启,放油阀关闭。

(2) 水冷式冷凝器(以立式壳管式为例)

1) 立式壳管式冷凝器的进气阀、回液阀、均压阀、混合气体放出阀(接到空气分离器)、压力表前截止阀、安全阀前截止阀均开启,放油阀及上部的放空气阀均关闭。

2) 冷却塔的供水阀、回水阀均开启,风机转向正确,运转正常,布水器旋转自如,填料及挡风板完好,收水盘无泄漏。

3) 循环水泵的进水阀、出水阀均开启,放空阀关闭,水泵正常运转供水,无异常响声。

4) 冷凝器冷却水分配阀调整正确,并保证分水均匀,分水器上无污垢,分水流畅,冷凝器下部的收水池回水正常。

(3) 高压贮液器

高压贮液器的回液阀,均压阀,出液阀,混合气体放出阀(接到空气分离器),压力表阀,安全阀前截止阀,板式液位计上部的气体均压弹子阀、下部的液体均压弹子阀均开启,放油阀及紧急泄氨阀均关闭。

(4) 低压循环贮液器(以立式低压循环贮液器为例)

1) 低压循环贮液器的低压回气阀,压力表阀,安全阀前截止阀,桶体总出气阀,与氨泵吸入口相连的下液阀,浮球阀球塞上部的气体均压阀、下部的液体均压阀,为贮液器供液的三个截止阀均开启,当采用冷冻润滑油油面显示液位时,板式液位计上部的气体均压弹子阀、下部的液体均压弹子阀均开启,放油阀及供液手动操作的节流阀均关闭。

2) 低压循环贮液器正常运行时其桶体外部的保温层应完好无损,没有结露、结霜现象。

(5) 氨液分离器

1) 氨液分离器的低压回气阀、出气阀、压力表阀、安全阀前截止阀、与低压调节站相连的总下液阀均开启,当采用 UQK-40 浮球液位计时,电磁阀前、后的两个截止阀均开启,放油阀、电磁阀及旁路手动节流阀均关闭。

2) 氨液分离器正常运行时,液位指示器应能准确无误地反映容器内部的液位高度,桶体外部的保温层不得有结露、结霜现象。

(6) 低压贮液器(又称低压排液桶)

1) 低压贮液器上的板式液位计上部的气体均压阀、下部的液体均压阀,压力表阀,安全阀前的截止阀,减压阀均开启,进液阀、排液阀、加压阀、放油阀均关闭。

2) 当系统正常运行时,低压贮液器内不允许有氨液存在,桶体外部的保温层应完好无损,保温层外表面不得有结露、结霜现象。

(7) 中间冷却器

1) 在双级压缩制冷系统中,中间冷却器上的进气阀、出气阀、压力表阀、安全阀前的截止阀均开启,在采用浮球供液时,球塞上部的气体均压阀、下部的液体均压阀,为中间冷却器供液的三个截止阀均开启,当采用冷冻润滑油油面显示液位时,板式液位计上部的气体均压弹子阀、下部的液体均压弹子阀均开启,蛇形管的进、出截止阀均开启,手动供液阀、排液阀及放油阀均关闭。

2) 中间冷却器的保温层应完好无损,没有结露、结霜现象。正常工作时,液位不得超过桶体高度的 50%,压力不得超过 0.6 MPa。

(8) 氨泵

氨泵的进口阀、出口阀、压力表阀均应开启,进出端的压差控制器调定值符合要求。氨泵正常工作时排出口压力比吸入口压力高 0.05~0.15 MPa,运转平稳,无异常声音,电流表读数应为额定电流值。

(9) 低压调节站

低压调节站总供液阀、分供液阀、总回气阀、分回气阀、供液与回气调节站上的压力表阀均开启,总热氨阀、分热氨阀、总回液阀、分回液阀均关闭。保温层应完好无损。

 **技能要求**

填写、分析运行日志

一、操作准备

1. 按时到岗

值班人员必须提前15 min到岗并认真查阅上一班填写的各种记录表，了解设备的状况。

2. 召开班前会

由值班负责人组织召开班前会，传达上级主管人下达的新任务和要求，布置本班的工作任务以及注意事项等内容。

3. 检查工作现场

（1）检查安全工器具

值班人员应认真清点工具、机下仪表和安全用具，核对数量、规格，检查完好程度，查看表面是否沾有污物，如发现有丢失、损坏或与要求数量、规格不符者，按规章制度应由责任人赔偿，并报上级主管部门负责人，及时补齐，以免影响制冷工的正常工作。

（2）检查设备卫生清洁情况

值班人员应对运行设备和停机设备、机房的卫生清洁情况进行检查，若发现设备有油污或机房不整洁，责任应由上一班值班人承担，本班应及时清洗设备、清扫机房，保持设备清洁、机房整洁。

二、操作步骤

步骤1 查阅运行日志

值班人员应仔细查阅上一班人员记录的制冷系统运行日志。通过查阅运行日志，不仅对上一班的工作状况和设备的运行情况能有一个总体的了解，而且在上一班的工作基础上也有利于做好本班的工作。另外，通过查阅运行日志，还可以了解未运行设备的维修情况和完好状态，一旦运行设备出现故障需要停机处理，可随时启动备用设备，保证制冷系统正常工作。

步骤2 确认设备运行是否正常

若制冷压缩机的吸、排气压力，吸、排气温度，油压、油温和油位，轴承密封及制冷压缩机声响正常；电动机的电压、电流和轴承温度正常；油分离器和贮液器的油位和液位正常；冷却水泵的压力、流量和冷凝器进、出水温正常；冷却塔的风机与布水器的运转正常；制冷机为冷水机组时，冷水泵的压力、流量和蒸发器的进、出口水温正常；制冷机为冷却空气的冷却盘管时，盘管进、出温度与结霜情况正常，则说明制冷设备运行正常，制冷系统运行稳定。否则对出现问题的设备应及时处理。

步骤3　确认设备是否符合开机条件

如果设备处于停止状态，值班人员必须确认设备是否具备开机条件。若上一班是正常停机，可按照正常的启动程序启动制冷系统；若上一班是停机修理，应按照制冷压缩机启动前的准备工作确认制冷压缩机一切正常，制冷系统阀门开启状态正确，制冷系统辅助设备的油位、液位正常，水泵、风机的转动部位无障碍等，确认设备已经具备开机条件后，由技术人员到场按照正确的启动程序启动制冷系统，并将制冷系统调整到正常的运行状态。

步骤4　巡视并填写运行日志

制冷系统运行期间，值班人员应多巡视、多检查，保证系统稳定运行，并根据要求记录开机时间，制冷压缩机的吸、排气压力和吸、排气温度，油压和油温，轴封温度，冷凝器进、出水温度以及其他运行情况。

三、注意事项

巡视要及时、全面、认真，要按时填写运行日志。

第2节　开　停　机

学习单元1　制冷系统常规开停机

学习目标

➢ 掌握制冷系统的开、停机操作规程

➢能启动和停止制冷系统运行

知识要求

一、活塞式制冷压缩机操作规程

1. 开机前的准备工作

(1) 首先查看设备运行日志，全面了解机器的使用情况，如因事故停机或大、中修后看是否已修好交付使用，然后根据热负荷情况选择开机台数。

(2) 检查制冷压缩机周围及运动部件附近有无妨碍运转的障碍物，安全防护设施应牢固、完善。对于开启式压缩机，可用手盘动联轴器数圈，检查有无异常。

(3) 检查曲轴箱内的油位，应符合要求，油质应清洁。单视油孔的油位在视油孔 1/2 位置，双视油孔的油位不低于下视孔的 1/2 位置，不高于上视孔的 1/2 位置。

(4) 检查各类压力表截止阀门，应处于开启状态。

(5) 检查供油三通阀门的位置，应在"运转"或"工作"的位置上。

(6) 对于有手动卸载－能量调节的压缩机，应将能量调节阀的控制手柄拨在"0"位上，或拨在缸数最少的位置上，以便制冷设备轻载启动。对于装有吸、排气旁通阀的压缩机，应将旁通阀门打开。

(7) 开启冷却水泵，打开供水阀，检查气缸冷却水、冷凝器冷却水、润滑油冷却水的水管，应流水畅通。对于风冷式机组，检查风机应能正常运转。

(8) 检查油压差继电器，高、低压继电器以及温度控制器等安全保护装置的指针，应在设定值位置上。

(9) 高压部分从压缩机高压排气管到冷凝器再到调节站前的各阀门都要打开。空气分离器上的阀门、放油桶上的阀门、放油阀以及热氨冲霜阀门应关闭。

(10) 低压部分压缩机上的吸气阀、截止阀应关闭，加压阀、放油阀和冲霜排液阀等也要关闭。

(11) 如果是氨泵供液系统，检查氨泵各运转部位周围应无障碍物。

(12) 检查贮液器液位，一般液位应在视液镜 1/3～2/3 位置。

(13) 若是双级压缩机组，检查中间冷却器的进、出气阀门及蛇形管的进、出液阀门应开启，液面应处于正常位置。

(14) 接通电源，检查电源电压是否正常。

2. 氨单级制冷压缩机（指有能量调节阀的压缩机）开、停机程序及注意事项

（1）开机程序

1）转动油过滤器手柄数圈，防止油路堵塞。

2）拨动联轴器 2~3 圈，如感觉过重，检查原因，加以排除。

3）将能量调节阀的控制手柄拨到"0"或缸数最少的位置。

4）打开压缩机上的排气阀。

5）接通电源后，压缩机启动运转，待电动机达到完全运转后将压缩机碳刷拨动到运转位置。

6）带负荷运转的电动机，应缓慢开启压缩机上的吸气阀，同时注意高压表、低压表、油压表和电流表的指示数值，细听运转部件的声音是否正常，如发现有液体敲击声，应立即关小吸气阀，再重复上面的操作，直到没有敲击声，方可开启吸气阀，如有其他部件不正常的声音，应立即停机。

7）将能量调节阀的控制手柄拨到所需容量位置上。

8）开机人员将开机情况记录在设备运行日志中。

（2）停机程序

1）关闭总调节站上的有关供液阀。

2）待吸入压力适当降低后，调节能量调节阀的控制手柄，减少工作缸数（保持 2 个气缸），关闭吸气阀。

3）切断电源，待机器停止运转后即可关闭排气阀。

4）将能量调节阀的控制手柄拨到"0"或缸数最少的位置上。

5）停机 10~15 min 后，关闭气缸套的冷却水供水阀。

6）机器停止运转后停止氨泵运转。

7）将以上停机情况和时间记录在设备运行日志中。

注意：在冬季温度低于 0℃时，停机后应将水套中多余的水放净，以免冻裂缸盖。如遇较长时间停机，应将制冷剂收进高压贮液器，以减少泄漏和事故。

3. 氨双级制冷压缩机开、停机程序及注意事项

（1）开机程序

1）先启动高压级制冷压缩机，其开机程序、操作方法和注意事项与氨单级制冷压缩机相同。

2）当中间冷却器的压力降至 0.1 MPa 时再启动低压级制冷压缩机。低压级制冷压缩机可能由两台或多台单级制冷压缩机配合而成，应逐台启动，其开机程序、操作方法和注意事项与氨单级制冷压缩机相同。

3）如果中间冷却器内有氨液，当高压级制冷压缩机的排气温度达到 60℃ 时，即开始向中间冷却器内供液。如果中间冷却器内没有氨液，则应在高压级制冷压缩机启动后立即向中间冷却器供液。中间冷却器液位的高度应符合要求，不能过高或过低，以保证其冷却效果和压缩机的正常运转。

4）中间压力应根据设计要求与蒸发压力和冷凝压力相适应，按照高、低压制冷压缩机容积比的不同而控制在不同的数值。当容积比为 1∶2 时，中间压力应控制在 0.25～0.35 MPa；当容积比为 1∶3 时，中间压力应控制在 0.35～0.4 MPa。

5）如果高压级制冷压缩机的吸、排气温度剧烈下降，可能是因为中间冷却器的液位过高而造成了高压级制冷压缩机的液击。若液击严重，应紧急停机。若不太严重，应首先关闭中间冷却器的供液阀和高压级制冷压缩机的吸气阀，关小低压级制冷压缩机的吸气阀。注意压缩机的油压不得降低，中间压力不得升高。检查中间冷却器的液位，必要时进行排液操作。

6）根据库房温度和库房热负荷等情况，适当开启供液阀门向蒸发器供液。

7）把制冷压缩机的有关参数，中间冷却器的压力、温度及液位情况等填写在设备运行日志中。

（2）停机程序

1）关闭调节站有关供液调节阀，适当降低蒸发压力。

2）关闭中间冷却器的供液阀。

3）先停止各低压级制冷压缩机的运转。

4）待中间冷却器的压力降至 0.1 MPa 时，再停止高压级制冷压缩机的运转。

5）填好停机记录。

4. 氨单机双级制冷压缩机开、停机程序及注意事项

（1）开机程序

1）启动前的准备工作与双级制冷压缩机相同。

2）对于有启动辅助阀的制冷压缩机，开机时应先开启启动辅助阀；没有启动辅助阀的应利用气缸容积调整阀启动制冷压缩机。

3）接通电源，待电动机达到全速时，即开启高压气缸的排气阀，同时，关闭高压气缸的启动辅助阀或气缸容积调整阀，再缓慢地开启高压气缸的进气阀，随后开启低压气缸的排气阀。同时关闭低压气缸的启动辅助阀或气缸容积调整阀，再缓慢地开启低压气缸的进气阀。

4）中间冷却器供液，应根据各种单机双级制冷压缩机说明书所规定的供液方法进行操作。

5)其他操作程序及要求与双级制冷压缩机相同。

(2)停机程序

1)停机前数分钟关闭中间冷却器供液阀。

2)关闭低压气缸进气阀,待中间冷却器压力降至 0.1 MPa 时,曲轴箱压力接近 0 MPa 时,切断电源,将电动机碳刷柄移至启动位置,关闭高压气缸进气阀,再缓慢地关闭高压气缸排气阀,最后关闭低压气缸排气阀。

3)填好停机记录。

【实例】 8S-12.5A 型制冷压缩机操作规程

(1)制冷压缩机开机前的准备工作

1)检查压缩机曲轴箱中油位是否符合要求。

2)开启冷却水系统。

3)将压缩机容量调节器调到 1/4 的位置。

4)检查系统中各有关阀门是否按照工作时的要求开启或关闭。

5)开启压缩机的排气总阀。

(2)制冷压缩机开机及运行

1)按控制箱上"启动"按钮,启动制冷压缩机。

2)缓慢开启制冷压缩机吸气总阀,仔细听制冷压缩机运行声音,如听到撞击声,证明发生"液击"现象,这时应快速关闭吸气总阀;稍候重复上述操作直到无液击声后将吸气总阀完全开启。

3)根据运行要求开启氨分配站的调节阀。

4)根据负荷要求调节容量调节器,调节时每间隔 2~3 min 换一挡,如果容量调高的同时听到撞击声应立即将其调低,5~6 min 后才能再次增容,将油分离器与制冷压缩机曲轴箱间的回油阀微开。

5)制冷压缩机在正常运行时要随时注意检查相关温度、压力、油位及电动机电流是否符合要求并作好记录。时刻监视机器运转声音是否正常。

(3)制冷压缩机停机及保养维修

1)停机前 10~30 min 关闭氨分配站上的调节阀,将蒸发器中的氨液面抽到适当位置(氨液面低于盐水液面),关闭油分离器与制冷压缩机曲轴箱间的回油阀。

2)关闭吸气总阀,在关闭终了时停止制冷压缩机。

3)关断冷却水,冬季要将机壳内及冷凝器内的存水排干净,以免结冰。

4)按控制箱上的"停止"按钮,切断电源。

5)保持制冷压缩机表面清洁、卫生,做到无油污、无杂物、无积灰。

6）定期对制冷压缩机加注润滑油、润滑脂。

7）按计划对制冷压缩机进行检修、保养工作。

5. 开启式氟利昂制冷压缩机开、停机程序及注意事项

（1）开机程序

有卸载能量调节机构的氟利昂制冷压缩机的启动方法与同类型的氨制冷压缩机的启动方法相同。下面介绍无卸载能量调节机构的氟利昂制冷压缩机的启动方法：

1）开启水冷式冷凝器的冷却水阀，应有水流出，或风冷式冷凝器的风机，应运转正常。

2）开启制冷压缩机的排气阀、吸气阀和有关阀门。

3）检查曲轴箱油位应符合要求，曲轴箱油位不得低于视油镜的1/3位置。

4）盘动联轴器数圈，检查其是否过重。

5）点动制冷压缩机，检查制冷压缩机轴旋转方向和声音。经检查确认无误后重新合闸正式启动制冷压缩机。

6）缓慢打开贮液器或冷凝器的出液阀向蒸发器供液，待制冷压缩机启动完毕后把出液阀开至最大。

7）注意检查各处温度和压力是否符合规定值。氟利昂系统的吸气温度不应超过15℃，吸气温度过高会引起排气温度过高。对于 R12 制冷压缩机，其排气温度不能超过130℃，排气压力不能超过 1.18 MPa；对于 R22 制冷压缩机，其排气温度不能超过150℃，排气压力不能超过 1.57 MPa。油压应比吸气压力高 0.05 ~ 0.15 MPa。曲轴箱的油温一般不超过70℃，但不能低于5℃。

8）记录开机情况和运行参数。

（2）停机程序

1）关闭供液阀和冷凝器的出液阀。

2）待曲轴箱内的表压力下降到接近 0 MPa 时，缓慢关闭氟利昂制冷压缩机的吸气阀，停止制冷压缩机的运转。

3）关闭制冷压缩机的排气阀。

4）制冷压缩机停止运转 15 min 后，关闭冷凝器的冷却系统。

5）记录停机情况和时间。

注意：氟利昂制冷压缩机系统若长期停机，应将制冷剂收入制冷系统的贮液器。如果没有贮液器，应将制冷剂收入冷凝器内，各阀门的阀帽应拧紧，以防止系统泄漏。V 带应卸下，以免制冷压缩机曲轴单方向受力而引起轴封渗漏和 V 带变形。冬季长时间停机时，还应将卧式壳管式冷凝器内的积水放掉，以防冻裂水管和设备。

二、螺杆式制冷压缩机操作规程

1. 开机前的准备工作

（1）检查机组中各有关开关装置是否处于正常位置。

（2）检查油位是否处于视油镜的1/2正常位置。

（3）检查机组的高、低压压力继电器，压差继电器的设定值是否正常。高压压力值应高于机组正常运行的压力值，低压压力值应低于机组正常运行的压力值，压差继电器的表压力调定值定在 0.1 MPa，使其能控制当油压与高压的压差低于该值时自动停机，或机组油过滤器前后压差大于该值时自动停机。

（4）检查机组中的吸气阀、加油阀、制冷剂注入阀、放空气阀以及所有的旁通阀，应处于关闭状态，其他阀门应处于开启状态。

（5）检查油路系统应畅通。

（6）检查蒸发器、冷凝器、油冷却器的冷却水和冷媒水管路上的排污阀、排气阀，应处于关闭状态，而水系统的其他阀门均应处于开启状态。

（7）检查冷却水泵、冷媒水泵及其出口截止阀、止回阀应能正常工作。

（8）送电后检查机组电源电压是否正常，指示灯是否正常亮。若有异常应及时检查处理。

2. 开机程序

（1）确认机组中有关阀门所处的状态符合开机要求。

（2）向机组电气控制装置供电，打开电源开关，使电源指示灯亮。

（3）按启动按钮，启动冷却塔风机、冷却水泵、冷媒水泵，应能看到其相应的指示灯亮。

（4）检查润滑油的油温是否达到30℃。若油温不到30℃，应打开电加热器加热，同时可启动油泵，使润滑油循环，油温均匀升高。

（5）油泵启动后，将能量调节控制阀置于减载位置，并确定滑阀处于"0"位置。

（6）调节油压调节阀，使油压达到 0.5～0.6 MPa。

（7）启动制冷压缩机，打开压缩机吸气阀，经延时后压缩机启动运行。在压缩机运行以后调节油压，使其高于排气压力 0.15～0.30 MPa。

（8）打开供液管路上的电磁阀，向蒸发器供液。将能量调节装置调到加载位置，并逐级加载，同时观察制冷压缩机的吸气压力，通过调节膨胀阀的开度，使吸气压力稳定在表压 0.36～0.56 MPa 范围内。

（9）制冷压缩机运行以后，当润滑油的油温达到45℃时断开电加热器的电源，停止加热，同时打开油冷却器的冷却水出口阀，使制冷压缩机在运行过程中，油温控制在 40~55℃ 的范围内。

（10）若冷却水温度较低，可暂时将冷却塔风机关闭。

（11）将喷油阀开启 1/2~1 圈，同时应使吸气阀和机组的出液阀处于全开位置。

（12）将能量调节装置调到 100% 位置，同时调节膨胀阀使吸气过热度保持在 6℃ 以上。

（13）将机组启动情况、启动时间记录在设备运行日志中。

3．机组启动后的检查

螺杆式制冷压缩机组启动完毕，投入运行后，为了保证机组的安全运行，还必须对以下内容进行检查：

（1）冷却水泵、冷却塔风机、冷媒水泵运行时的声音和振动情况，水泵的水温和出口压力等各项指标是否在正常工作参数范围内。

（2）润滑油的油位是否正常，油温是否在 60℃ 以下，油压是否高于排气压力 0.15~0.30 MPa。

（3）制冷压缩机满负荷运行时，其吸气压力是否稳定在表压 0.36~0.56 MPa 范围内。

（4）制冷压缩机的排气温度是否在 100℃ 以下，排气压力是否在 1.55 MPa 以下。

（5）制冷压缩机运转时的声音、振动情况是否正常。制冷压缩机电动机的运转电流是否在规定的范围内，若运转电流过大，就应调节至减载运行，避免电流过大烧毁电动机。

4．停机程序

螺杆式制冷压缩机的停机分为正常停机、自动停机、长期停机和紧急停机，下面介绍正常停机程序。

（1）将手动卸载装置置于减载位置，按停机按钮停机。

（2）关闭冷凝器至蒸发器供液管道上的电磁阀、出液阀。

（3）停止制冷压缩机运转，同时关闭其吸气阀。

（4）待能量减载到零后，停止油泵工作。

（5）将能量调节装置置于"停止"位置。

（6）关闭油冷却器的冷却水进水阀。

（7）关闭冷却塔风机、冷却水泵、冷媒水泵，停止风机和泵的运行。

（8）关闭总电源。

（9）作好停机记录。

三、离心式制冷压缩机操作规程

1. 开机前的准备工作

（1）检查电源电压是否正常，指示灯是否亮；检查控制柜上各指示仪表是否正常。

（2）检查控制系统中各调节项目、保护项目、延时项目等的设定值是否符合要求。

（3）检查机组油槽的油位，油面应处于视油镜的 1/2 位置。

（4）检查油槽底部的电加热器，应处于自动调节油温状态，油温应在 50～60℃ 范围内，点动油泵使润滑油循环，油循环后油温下降，应继续加热使油温保持在 50～60℃ 范围内，反复点动油泵，使系统中的润滑油温度在 40℃ 以上。

（5）检查油路系统各阀门，应处于规定的启闭状态，即高位油箱和油泵油箱的上部与压缩机进口处相通的气相平衡管应处于贯通状态。油引射装置两端波纹管阀应处于暂时关闭状态。

（6）检查蒸发器中的液位应达到规定值。

（7）检查抽气回气装置是否能正常工作。

（8）检查蒸发器，冷凝器进、出水管路是否畅通，水量是否充足；检查冷媒水泵、冷却水泵、冷却塔风机是否能正常工作。

（9）检查浮球阀是否处于全闭状态。

（10）检查主电动机冷却供液、回液管道上的阀门，抽气回收装置中供液、回液管道上的阀门等供应制冷剂的阀门是否处于打开状态。

（11）检查各引压管线阀门、压缩机及主电动机气封引压阀门等是否处于全开状态。

2. 开机程序

离心式制冷压缩机的启动运行方式有"全自动"运行方式和"部分自动"（即手动启动）运行方式两种，无论采用哪种运行方式，其启动连锁条件和操作程序都是相同的。制冷机组启动时，若启动连锁回路处于下述任何一项，即使按下启动按钮，机组也不会启动：导叶没有全部关闭，故障保护电路出现故障后没有复位，主电动机启动器不在启动位置，冷媒水泵、冷却水泵没有启动或启动后水量不足，油压从启动到升至正常油压的时间超过 20 s，机组停机后到再次启动的间隔时间未超过 15 min 等。

当主机的启动方式选择"部分自动"控制时，主要是指制冷量调节是人为控制的,而一般油温调节系统仍是自动控制的。

(1) 手动开机程序

1) 启动冷却水泵、冷却塔风机和冷媒水泵,向主电动机冷却水套及油冷却器供水。

2) 启动油泵,调节油压,使油压达到 0.196~0.296 MPa 以上。

3) 启动抽气回收装置。

4) 将制冷压缩机的进口导叶关至零位,能量调节控制阀置于"手动"位置。

5) 启动制冷压缩机,此时应监听制冷压缩机运转中是否有异常情况,如发现有异常情况应立即进行调整和处理,若不能马上调整和处理就应迅速停机处理后再重新启动。

6) 当主电动机稳定运行后,缓慢开大导叶,每开启 5%~10% 导叶角度,应稳定 3~5 min,等供油压力回升后,再继续开大导叶,直到 100% 位置。

7) 记录开机情况。

(2) 机组启动过程注意事项

1) 冷凝压力表上的示数不允许超过 0.078 MPa,否则会停机。

2) 油槽内的油压应控制在规定值 0.098~0.147 MPa 的上限。

3) 机组启动和运行过程中油槽内的油温应严格控制在 50~60℃ 范围内。若油温过高,可切断加热器电源或加大油冷却器的供液量,使油温降低。

4) 供油油温应严格控制在 35~50℃ 范围内,与油槽油温同时调节,方法相同。

5) 机组轴承中,叶轮轴上的推力轴承温度最高,应严格控制各轴承温度不大于 65℃。

6) 机组在启动过程中还需注意:制冷压缩机的进口导叶关至零位,油槽中的油温需大于或等于 40℃,供油压力需大于 250 kPa,冷媒水、冷却水供应正常,两次开机间隔时间大于 20 min。

3. 停机程序

(1) 正常停机程序

离心式制冷压缩机的正常停机基本上是正常启动过程的逆过程。正常停机程序如下:

1) 关闭蒸发器供液阀;机组减载,控制导叶开度至 30% 位置;切断制冷压缩机电源,2~3 min 后制冷压缩机停止运行。

2) 关闭进口导叶至零位。

3) 压缩机停机 2 min 后,停止油泵的运行,关闭油冷却器进、出口阀。油温调节系统仍"自动运行",油槽温度保持在 50~60℃ 范围内。

4)制冷压缩机停机 5 min 后,停止冷却水泵、冷却塔风机、冷媒水泵运行,关闭水泵出口闸阀。

5)切断总电源。

6)作好停机记录。

(2)机组停机过程注意事项

1)停机后,油槽温度应继续保持在 50~60℃ 范围内,以防止制冷剂大量溶入冷冻润滑油。

2)制冷压缩机停止运转后,冷媒水泵应继续运转一段时间,保持蒸发器内制冷剂的温度在 2℃ 以上,避免冷媒水冻结。

3)在停机过程中要注意主电动机有无反转现象,以免造成事故。主电动机反转是由于在停机过程中,压缩机的增压作用突然消失,蜗壳及冷凝器中的高压制冷剂气体倒灌所引起的。因此,在压缩机停机之前,在保障安全的前提下,应尽可能地关小导叶角度,降低压缩机出口压力。

4)停机后,抽气回收装置与冷凝器、蒸发器相通的阀门,小活塞压缩机的加油阀门,回收冷凝器冷却水阀门等应全部关闭。

5)停机后仍应保持主电动机的供油、回油管路畅通,油路系统中的各阀门一律不得关闭。

6)停机后除向油槽加热的供电和控制电路通电外,机组的其他电路应一律切断,以保证停机安全。

7)检查蒸发器内的制冷剂液位高度,应比机组运行前稍低或基本相同。

8)进一步确认导叶处于关闭状态。

四、溴化锂吸收式制冷机组操作规程

溴化锂吸收式制冷机组运转过程中,机房内应有操作人员值班,并要严格遵守操作规程,确保机组安全正常运行。以下以双效蒸汽型溴化锂吸收式制冷机组为例介绍操作规程。

1. 开机前的准备工作

(1)检查外围

1)检查所提供的电源、蒸汽源是否满足机组的要求。

2)检查冷媒水泵、冷却水泵、冷却塔风机的运转是否正常,连接的管道是否漏水等。

(2) 检查机组

1) 机组的气密性检查。每次启用前应检查主机真空度，不符合要求的应开启真空泵抽气至合格为止，一般真空度下降量一昼夜不超过 66.7 Pa。

2) 真空泵的抽气性能检查。检查真空泵是否处于完好状态，油位、油质是否正常，要求确认极限抽真空性能不低于 5 Pa。

3) 溴化锂溶液的 pH 值在 9.0~10.5 范围内，溶液浓度处于正常范围，铬酸锂含量不低于 0.1%，且没有锈蚀等污物存在。

4) 安全保护动作正常，尤其是冷媒水和冷却水的压力值和压差值调整要恰当，当其实际压力值小于调整限定值时，应能实现报警和保护。检查各指示仪表值是否正确，机组上各阀门开关状态是否符合要求。

5) 检查蒸发器、冷凝器、吸收器中的传热管结垢情况，不允许有杂物堵塞。

对于这些制冷机组运转前的例行检查，在每年首次启动运行时更应仔细和全面地完成。

2. 开机程序

(1) 启动冷却水泵、冷媒水泵，慢慢打开它们的出口阀门，把水流量调整到设计值或设计值±5%范围内，同时，根据冷却水温状况，启动冷却塔风机，控制温度通常取 22℃，超过此值，开启风机，低于此值，风机停止。打开水管路系统上的放气阀，排除水管路内的空气。

(2) 合上机组电控箱上的电源开关。

(3) 启动发生器泵，通过发生器泵出口的阀，调节送往高压发生器、低压发生器中的溴化锂溶液的流量，使高、低压发生器的液位稳定在一定的位置上。

(4) 在专设吸收器溶液泵的系统中，启动吸收器泵，打开泵的出口阀门，使溶液喷淋在吸收器的管簇上。根据喷淋情况，调整吸收器的喷淋溶液量（采用浓溶液直接喷淋的系统，可省略该步骤）。

(5) 打开蒸汽管路上的凝水排泄阀，排除蒸汽管路中的凝结水。

(6) 慢慢打开蒸汽截止阀门，向高压发生器供汽。对装有调节阀的机组，慢慢打开调节阀，按 0.05 MPa、0.1 MPa、0.125 MPa（表压）的递增顺序调高压力正常给定值。机组在刚开始工作 20~30 min 内，蒸汽表压力应控制在 0.2~0.3 MPa（表压），以免引起严重的汽、水冲击。

(7) 随着发生过程的进行，冷剂水不断由冷凝器进入蒸发器，当蒸发器液囊中的冷剂水位到达视镜位置后，启动蒸发器泵（冷剂泵），调整泵出口的喷淋阀门，使被吸收的蒸汽与从冷凝器流下来的冷剂水相平衡，机组便逐渐投入正常运转。

（8）机组进入正常运转后，可在工作蒸汽压力为 0.2~0.3 MPa（表压）的工况下，启动真空泵运行，抽出机组中残余的不凝性气体。抽气工作可分若干次进行，每次 5~10 min。

（9）作好开机、运转记录。运转记录是制冷机组运行情况的重要资料，在制冷机组运转过程中，应作好记录，以便分析运转情况，提高运转管理水平。运转记录的内容包括制冷机各种参数，运转中出现的不正常情况及其排除过程，一般为每 2 h 记录一次。

3. 机组启动后的工作

机组启动后，要使机组能正常运转，通常还需做好下列工作：

（1）溶液循环量的调整

机组运转后，在外界条件如加热蒸汽压力、冷却水进口温度和流量、冷媒水出口温度和流量基本稳定时，应对高、低压发生器的溶液量进行调整，以获得较好的运转效率。因为溶液循环量过小，不仅会影响机组的制冷量，而且可能因发生器的放汽范围过大，浓溶液的浓度偏高，产生结晶而影响制冷机正常运行。反之，溶液循环量过大，同样也会使制冷量降低，严重时还可能出现因发生器中液位过高而引起冷剂水污染，影响制冷机的正常运行。因此，要调节好溶液的循环量，使浓溶液和稀溶液的浓度处于设定范围，保证良好的吸收效果。

（2）测定溶液浓度

在机组运转中，为了分析制冷机组的运行情况，需对溶液的浓度进行测定。测定吸收器出口稀溶液的浓度和高、低压发生器出口浓溶液的浓度。测定稀溶液的浓度时，打开发生器泵出口的取样阀，即可用量筒直接取样，取样后即可用浓度计直接测出其浓度值。测定高、低压发生器出口浓溶液的浓度时，由于取样部位处于真空状态，不能直接取出，必须利用图 1—21 所示的取样器。取样时，先将取样器与取样阀和真空泵连接起来，然后启动真空泵将取样器抽至真空，再缓缓打开取样阀，将浓溶液抽至取样器。把取样器取出的溶液倒入量杯中，通过图 1—22 所示的浓度测量装置来测量溶液的密度和温度，便可以从溴化锂溶液的密度图表中查到相应的浓度。

通常，高、低压发生器的放气范围为 4%~5%。放气范围偏小，可关小阀门减少进入发生器的溶液循环量；放气范围偏大，则开大阀门，增大进入发生器的稀溶液循环量。溶液的浓度调整，一般在低负荷时，高压发生器出口的溶液浓度为 60%，低压发生器出口的溶液浓度为 60.5%，稀溶液浓度为 56%。高负荷时，高压发生器出口的溶液浓度为 62%，低压发生器出口的溶液浓度为 62.5%，稀溶液浓度为 58%。

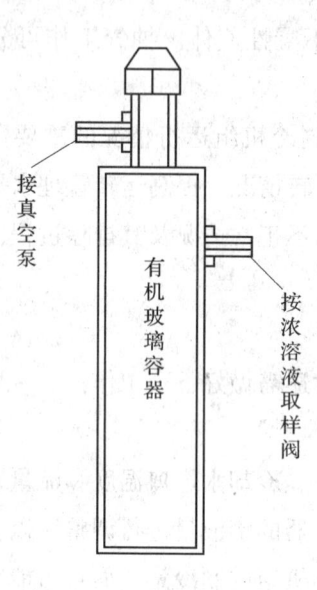

图 1—21 取样器示意图

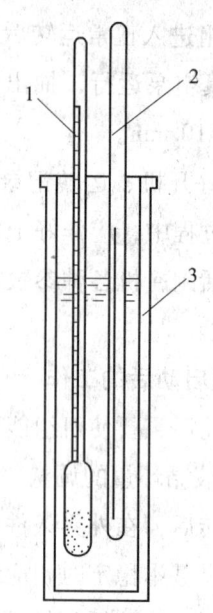

图 1—22 浓度测量示意图
1—密度计 2—温度计 3—量筒

(3) 测定冷剂水密度

冷剂水的密度是影响制冷机运行的重要因素之一，要注意观察，及时测量。由于冷剂水泵的扬程较低，即使关闭冷剂水泵的出口阀门，仍无法从取样阀直接取出，同样应该利用取样器，通过抽真空取出。抽取冷剂水后，用密度计直接测量，机组在正常运转时，一般冷剂水的密度小于 1.04 kg/m^3。若取出的冷剂水密度大于 1.04 kg/m^3，说明冷剂水已受污染，应进行冷剂水再生处理，并寻找污染的原因，及时加以排除。

(4) 及时抽除不凝性气体

由于整台溴化锂吸收式制冷机是处于真空中运行的，蒸发器和吸收器的绝对压力只有几毫米汞柱，外界空气很容易渗入，即使是少量不凝性气体，也会大大地降低机组的制冷量。为了及时抽出渗入系统的空气以及系统内因腐蚀而产生的不凝性气体，机组中一般均装有一套专门的自动抽气装置。如果未装自动抽气装置，则应经常启动机械真空泵把不凝性气体抽出。

(5) 防止结晶

由溴化锂溶液的性质可知，当溶液的浓度过高或温度过低时，溶液就会产生结晶，堵塞管道，破坏机组的正常运行。在操作中要经常检查防晶管的发热情况，判断机组性能的下降是否由于结晶引起。

(6) 溶液管理

机组在运转初期，溶液中所含的铬酸锂因生成保护膜，浓度会逐渐下降。当铬酸锂的浓度低于0.1%时，应添加到0.1%~0.2%。溶液的pH值应保持在9.5~10.3之间，pH值过高，可加入氢溴酸（HBr）调整；pH值过低，可加入氢氧化锂（LiOH）调整。调整时应将HBr或LiOH稀释，通过取样阀慢慢加入。若机内溶液含有空气，即使是极微量，也会促使化学反应，引起机器的腐蚀，并使溶液的碱度增大。因此，制冷机运行一段时间后，应取样分析溶液的pH值以及铁、铜、氯离子等杂质的含量。

为了提高溴化锂吸收式制冷机的性能，目前运转的机器，一般都在溶液中加入辛醇，而在机组运转较长时间后，由于启用真空泵，辛醇会随同机内的不凝性气体被排出机外，使辛醇量减少，影响机组的性能，因此当制冷量下降时，应酌情添加辛醇。

（7）屏蔽泵的管理

屏蔽泵是溴化锂吸收式制冷机的"心脏"，在制冷机运行时要特别注意屏蔽泵的工作情况，要经常检查屏蔽泵的工作电流、泵壳温度及冷却管温度，检查屏蔽泵工作有无异常运转的声音。当泵壳温度高于80℃时，应停止运行，检查屏蔽泵冷却管中的滤网有没有堵塞，或检查引起温度过高的其他原因，以免屏蔽泵损坏。

（8）真空泵的管理

真空泵应采用真空泵油，真空泵在运行中，应注意观察真空泵油的状况，若油中含有水分已产生乳化，就应及时更换，以保持良好的抽真空性能，真空泵运转时，油温应不超过70℃，另外，还要定期检查放气电磁阀动作的可靠性和密封性。使用真空泵抽气，打开抽气阀前，先使真空泵运转1 min。抽气完毕，关闭抽气总阀后，方可停止真空泵运行，然后让阻油器通大气，以免再次启动时将真空泵油吸入机内。若真空泵长时间运转（如1h以上），应打开放气真空阀。

（9）水质管理

冷却水、冷媒水的水质必须符合溴化锂吸收式制冷机组技术条件中对水质管理的要求，水质差，容易在传热管内形成水垢，影响机组的传热性能，因此对水质也应作定期检查。在冬季不需要开机时，必须把冷却水、冷媒水全部放净，以防止冻结。

4. 停机程序

溴化锂制冷机的停机程序有手动停机和自动停机两种。

（1）手动停机

1）手动停机程序

①关闭加热蒸汽截止阀，停止向高压发生器供应蒸汽，并通知锅炉房停止送汽。

②关闭加热蒸汽后，应让溶液泵、发生泵、冷却水泵、冷媒水泵继续运转，使稀溶液与浓溶液充分混合，15~20 min后，依次停止溶液泵、发生泵、冷却水泵、

冷媒水泵和冷却塔风机的运行。

③若停机时外界温度较低,而测定的溶液浓度较高,为防止停机后结晶,应打开冷剂水旁通阀,把一部分冷剂水通入吸收器,使溶液充分稀释后再停车。若停车时间较长、环境温度较低(如低于15℃),一般应把蒸发器中的冷剂水全部旁通入吸收器,再经过充分的混合、稀释,判定溶液不会在停车期间结晶后方可停泵。

④停止各泵运转后,切断控制箱电源和冷却水泵、冷媒水泵、冷却塔风机的电源。

⑤检查制冷机组各阀门的密封情况,防止停车时空气渗入机组内。

⑥停止各泵运行后,切断电源总开关。

⑦记录下蒸发器与吸收器液面的高度以及停车时间。

2)手动停机注意事项。若溴化锂吸收式制冷机在环境温度为0℃以下停机或者长期停机,除必须按上述方法操作外,还必须注意以下几点:

①在停止蒸汽供应后,应打开冷剂水再生阀,关闭冷剂水泵的排出阀,把蒸发器排出的冷剂水全部导向吸收器,使溶液充分稀释。

②打开冷凝器、蒸发器、高压发生器、吸收器、蒸汽凝结水排出管上的放水阀,放净存水,防止冻结。

③若是长期停车,每天应派专职负责人检查机组的真空情况,保证机组的真空度。有自动抽气装置的机组可不派人管理,但不能切断机组、真空泵电源,以保证真空泵自动运行。

(2)自动停机

自动停机程序如下:

1)通知锅炉房停止送汽。

2)按"停止"按钮,机器自动切断蒸汽调节阀,机器转入自动稀释运行。

3)发生泵、溶液泵以及冷剂水泵稀释运行大约15 min之后,其温度继电器动作,溶液泵、发生泵和冷剂泵自动停止。

4)切断电气开关箱上的电源开关,切断冷却水泵、冷媒水泵、冷却塔风机的电源,记录蒸发器与吸收器液面高度,记录停机时间,必须注意不能切断真空泵自动启停的电源。

5)若需长期停机,在按"停止"按钮之前,应打开冷剂水再生阀,将冷剂水全部导向吸收器,使溶液充分稀释。并把机组内的存水放净,防止冻结。

必须指出,上述所介绍的溴化锂吸收式制冷机组的开机、运行管理与停机方法并不是唯一的,在实际操作中应根据具体使用的机器型号、性能特点加以调整。

 **技能要求**

活塞式制冷机组开停机操作

常用的活塞式制冷机组有冷水机组和压缩冷凝机组。冷水机组包括制冷系统的所有设备，如图 1—16 所示，可作为空调系统的冷源向空调系统提供冷媒水。压缩冷凝机组只设置了压缩机和冷凝器，可外接制冷系统，向蒸发器提供液态制冷剂。压缩冷凝机组的操作和单级制冷压缩机的操作基本相同。以下介绍冷水机组的操作。

一、操作准备

1. 查看日志

查看机组运行日志，了解机组的运行情况、停机的原因和时间，只有确认是正常停机，才可以准备启动制冷机组。

如果是定期检修或事故停机，应检查是否修复并交付使用；如果连续停机时间超过一个月或制冷压缩机大修或安装后初次开机，应确认已经具备开机条件，启动制冷压缩机应由车间主任和技术人员指挥。

2. 巡视系统

（1）巡视检查制冷系统内制冷剂的量是否达到规定的液位要求。

（2）巡视检查制冷压缩机曲轴箱的油位是否正常。启动前应接通曲轴箱油加热器，对润滑油加热 24 h，保持油温在 50～60℃范围内。

（3）巡视检查所有手动复位保护装置，如制冷压缩机排气高压继电器、油压差继电器、冷媒水低温保护器等的设定是否处于正常位置。冷媒水温度控制器应调定在设定的刻度。

（4）巡视检查冷却水、冷媒水系统是否准备完毕。系统水泵、冷却塔应能正常工作，水量应充足。

（5）检查制冷系统和水系统中的所有阀门开、关位置应符合系统使用要求。

二、操作步骤

1. 开机（有能量调节阀的压缩机）

步骤1　启动水泵、风机

启动冷却塔风机，启动冷却水泵，启动冷媒水泵。

步骤2　转动油过滤器手柄

转动油过滤器手柄数圈,防止油路堵塞。

步骤3　盘动联轴器

盘动联轴器2~3圈,转动时应轻松,不应过紧。

步骤4　开启排气阀

打开制冷压缩机排气阀。

步骤5　启动

接通电源,启动制冷压缩机,使冷水机组投入运行。

步骤6　调整油压

当制冷压缩机电动机全速运转后应调整油压,使油压比吸气压力高0.15~0.3 MPa。油温不超过60℃。如果压缩机启动后无油压则应立即停机检修。

步骤7　缓慢开启吸气阀

缓慢开启制冷压缩机的吸气阀。开启吸气阀时,若听到液击声则应迅速关小吸气阀门,待液击声消失后再缓慢打开吸气阀门,直到完全开启。

步骤8　加载

逐级加载。能量调节阀应根据负荷需要逐级调节,一般应每隔2~3 min将能量调节阀的手柄拨高一挡,并同时观察油压的变化。如果在加载过程中听到液击声,应迅速关小吸气阀,并使部分气缸卸载,等5~10 min后才能再加载。

步骤9　供液

打开供液阀,向蒸发器供液。

步骤10　记录

把开机时间,制冷压缩机的吸、排气压力,吸、排气温度,润滑油温度,润滑油压力,冷却水温度,冷媒水温度,制冷压缩机电动机,水泵电动机,风机电动机等的运行电流记录在系统运行日志中。

2. 停机

步骤1　停止供液

关闭蒸发器的供液节流阀,停止向蒸发器供液。

步骤2　卸载

随着吸气压力的降低,逐渐调节卸载装置手柄,减小压缩机的负载。

步骤3　关闭吸气阀

当吸气压力低于0.1 MPa时,关闭压缩机的吸气阀。

步骤 4　按下停机按钮

按下停机按钮，切断制冷压缩机电源。

步骤 5　关闭排气阀

在压缩机停止运转的同时关闭制冷压缩机的排气阀。

步骤 6　停水、停风机

当蒸发压力升至所对应的蒸发温度为 7℃ 时（R717 的表压为 0.45 MPa，R22 的表压为 0.52 MPa），停止冷媒水系统的运行。然后停止气缸套的冷却水和冷凝器的冷却水，关闭冷却塔风机。

步骤 7　挂牌

挂停机示意牌。

步骤 8　记录

把停机时间、停机情况填写在系统运行日志中。

三、注意事项

1. 短时间停机不要关闭曲轴箱油加热器的电源。

2. 若长时间停机，应将制冷剂贮存在冷凝器中，并关闭制冷压缩机的吸、排气阀，拧紧阀上的阀帽。将蒸发器、冷凝器和管道内的水全部放出，防止冬季冻裂，然后关闭总电源。

螺杆式制冷压缩机开停机操作（冷水机组）

一、操作准备

1. 查看日志

查看设备的运行日志，了解设备的运行情况和停机原因。只有正常停机才可以准备启动机组。

2. 巡视系统

巡视系统，检查油位、液位、管道上相关阀门的开关情况是否正常，水系统是否有泄漏等，如果出现异常应及时处理，使系统满足开机条件。

二、操作步骤

1. 开机

步骤1　确认相关阀门开启

检查机组中相关阀门的开、关状态,确认符合开机要求。

步骤2　确认高低压平衡

将能量调节阀置于减载位置,检查并确定滑阀处于零位。启动冷却水泵、冷却塔风机、冷媒水泵。

步骤3　启动油泵

启动油泵,调节油压调节阀,将油压调整到 0.5~0.6 MPa。

步骤4　启动主机

启动压缩机,缓慢打开压缩机吸气阀。压缩机启动运行后,调整润滑油压力,使其高于排气压力。

步骤5　加载

将能量调节装置置于加载位置,逐级加载,并观察和调整吸气压力的变化,使其稳定在一定的范围。当制冷压缩机稳定运行后,将能量调节装置调整到100%位置。

步骤6　供液

闭合供液管路上的电磁阀控制电路,启动电磁阀,向蒸发器供液。

步骤7　记录

把开机时间、开机情况及相关参数记录在设备运行日志中。

2. 停机

步骤1　停止供液

将卸载控制装置置于减载位置,关闭冷凝器至蒸发器管道上的供液电磁阀、出液阀,停止向蒸发器供液。

步骤2　关闭吸气阀

关闭制冷压缩机吸气阀。

步骤3　按下停机按钮

按下停机按钮,切断制冷压缩机电源。当压缩机停止运行后,停止油路系统的运行。将能量调节装置置于"停止"位置。

步骤4　关闭排气阀

关闭压缩机排气阀。

步骤5 停水

停止冷却水泵、冷却塔风机、冷媒水泵运行。

步骤6 记录

把停机时间、停机情况填写在设备运行日志中。

三、注意事项

开机时，将能量调节装置置于加载位置，滑阀处于零位，并随压缩机的稳定运行逐步加载到满负荷；关机时，将能量调节装置置于减载位置，使滑阀回到40%~50%位置，压缩机停止运转后，当滑阀回到零位时，停止油泵运转。

离心式制冷压缩机开停机操作

一、操作准备

1. 查看日志

查看设备运行日志，了解设备运行情况，确认上一班正常停机。

2. 巡视系统

巡视系统，检查系统相关阀门的开关状态正常，仪表、设备完好无损，运转部位无障碍物，确定设备具备开机条件。

二、操作步骤

1. 开机

步骤1 检查相关容器油位

检查机组油槽油位在视油镜1/2位置。

步骤2 检查压缩机油槽内的油温

检查压缩机油槽底部的电加热器，应处于自动调节油温位置，油温应维持在50~60℃范围。

步骤3 运转抽气装置

启动抽气回收装置。

步骤4 启动水泵

启动冷媒水泵、冷却水泵、冷却塔风机。

步骤5 控制进口导叶处于全关位置

点动导叶开度，使之处于全关位置。

步骤 6　启动油泵

启动油泵。

步骤 7　启动制冷压缩机

按主机开启按钮，启动主电动机，制冷压缩机运转。

步骤 8　缓慢开启导叶，由手动模式转入自动模式

当主电动机运转电流稳定后，缓慢开启导叶，直到全开。待蒸发器出口冷媒水温度接近要求值时，对导叶的手动控制可改为自动控制。

步骤 9　调节冷却水量

调节冷却水系统的水量，使之满足主电动机冷却水套、油冷却器和冷凝器的供水要求。

步骤 10　检查浮球阀动作情况

检查浮球阀动作应正常，若浮球阀不能正常动作，应及时处理。

步骤 11　记录

把机组开机时间及相关参数记录在设备运行日志中。

2. 停机

步骤 1　停止压缩机运行

机组减载，控制导叶开度至30%位置，切断制冷压缩机电源，2~3min后压缩机停止运行。

步骤 2　关闭进口导叶

关闭进口导叶至0%。

步骤 3　停止油泵、冷却水泵、冷媒水泵、冷却塔风机运行，关闭油冷却器冷却阀门

停止油泵的运行，油温调节系统仍"自动运行"。停止冷媒水泵、冷却水泵运行，停止冷却塔风机运行。

步骤 4　切断电源

切断除向油槽进行加热供电和控制电路外的其他电路电源，保证停机安全。

步骤 5　记录

把停机时间、停机情况等记录在设备运行日志中。

三、注意事项

停机后再检查一下导叶的关闭情况，必须确认处于全关闭状态。

溴化锂吸收式制冷机组开停机操作

一、操作准备

1. 查看日志
查看设备运行日志,了解设备运行情况,确认上一班正常停机。

2. 巡视系统
巡视系统,检查电源电压正常,温度与压力控制继电器的指示值正常,各阀门位置符合要求,真空泵油位和油质符合要求,各类泵能正常工作,水路畅通,水量充足,确认系统符合开机条件。

二、操作步骤

1. 开机

步骤 1 启动冷却水泵、冷媒水泵

启动冷却水泵、冷媒水泵,并慢慢打开两泵的排出阀,逐步调整流量至规定值。

步骤 2 启动溶液泵(发生器泵和吸收器泵运转)

启动发生器泵,打开泵的出口阀门,调节送往发生器的溶液量,使发生器的液位保持一定;在专设吸收器泵的系统中,启动吸收器泵,打开泵的出口阀门,调整吸收器的溶液喷液量。

步骤 3 打开加热蒸汽截止阀

打开凝结水放泄阀,排除蒸汽管道内的凝结水,然后打开加热蒸汽截止阀,向高压发生器供汽,同时注意高压发生器液位。

步骤 4 启动蒸发器泵

启动蒸发器泵(冷剂泵),调整泵出口的喷淋阀门,使被吸收掉的蒸汽与从冷凝器流下来的冷剂水相平衡。关闭凝结水放泄阀。

步骤 5 记录

把开机时间、开机情况和相关参数记录在设备运行日志中。

2. 停机(事故停机同此)

步骤 1 关闭加热蒸汽截止阀

关闭加热蒸汽截止阀,停止向高压发生器供应蒸汽。

步骤 2 停泵(发生器泵、吸收器泵、蒸发器泵)

关闭加热蒸汽截止阀 15~20 min 后,依次停止发生器泵、吸收器泵(溶液泵）、蒸发器泵（冷剂泵）的运行。

步骤3 停水（关闭冷却水泵、冷媒水泵）、停冷却塔风机

停止冷却水泵、冷媒水泵和冷却塔风机的运行。关闭总电源。

步骤4 记录

把停机时间、停机情况等记录在设备运行日志中。

三、注意事项

1. 机组在运行过程中会因不同的原因产生不凝性气体。积存于机组中的不凝性气体会严重影响机组的效率，因此应及时发现并予以排除，以保证机组安全高效地运行。

2. 机组在运行过程中会出现蒸汽压力高、溶液循环量不足、浓溶液温度高、浓溶液压力高、系统中漏入空气等情况而引起结晶，或由于系统运转结束后稀释不充分在停机期间结晶，因此要采取相应的措施防止结晶。

学习单元2 制冷系统故障紧急停机

 **学习目标**

➢掌握制冷系统故障停机的类型
➢能在出现故障时紧急停止制冷系统运行

 知识要求

一、制冷系统故障停机

制冷系统故障停机是指非正常情况下的停机，当制冷系统发生故障导致制冷系统不能正常运行时，必须让制冷系统停止运行。制冷系统的故障情况比较复杂，包括制冷压缩机故障、辅助设备故障等，以上情况一旦发生，必须立即停止制冷系统的工作，这类情况的处理通常称为故障停机或紧急情况停机。

1. 制冷压缩机的故障停机

（1）活塞式制冷压缩机的主要故障现象

1) 由于密封垫片的损坏而造成机体漏油和工作介质泄漏。
2) 由于轴封器的损坏而造成润滑油大量泄漏。
3) 由于油路故障引起的无油压或油温急剧升高。
4) 由于阀片破碎引起的气缸声音变化和缸体温度升高。
5) 由于气阀损坏所造成的活塞撞击气阀，使气缸发出严重的撞击声。
6) 由于连杆螺栓松动，使曲轴箱发出巨大的声响。
7) 由于底盘螺栓和地脚螺栓松动而造成机体剧烈抖动。
8) 不常见的严重液击等。

以上任何一种情况对压缩机都极为不利，必须作故障停机处理。

(2) 螺杆式制冷压缩机的主要故障现象

由于螺杆式制冷压缩机轴承所承受的油压比活塞式制冷压缩机轴封所承受的油压大约高 1 MPa，所以螺杆式制冷压缩机的漏油往往是大量的；另外螺杆式制冷压缩机的能量调节失灵也是其常见故障之一，而这些故障都和油路有一定的关系，由此可见螺杆式制冷压缩机中的油路故障是主要故障。另外设备发出异常声音危及运行，设备启动后不运转，电器设备起火、冒烟，设备发生反转等均属于异常情况。

(3) 离心式制冷压缩机的主要故障现象

由于离心式制冷压缩机是依靠高速旋转的叶轮在机壳内的运动，使气体获得动能，再把动能经扩压器转换为压力能，从而完成气体的压缩，所以，当压缩机吸气量小时，其排气压力也较低，但冷凝压力高于压缩机的排气压力时，就会造成冷凝器的高压气体倒流入压缩机，而使机体产生振动，并发出剧烈的声音，这就是离心式制冷压缩机固有的气动现象——喘振，这也是离心式制冷压缩机的常见故障。离心式制冷压缩机如果出现轻微喘振，可通过开启反喘振调节阀或开大进口导叶消除喘振现象。如果是严重喘振必须作故障停机处理。

(4) 溴化锂吸收式制冷机组

溴化锂吸收式制冷机组在运转过程中，当出现冷却水断水，冷媒水断水，溶液泵、冷剂泵中任何一台不正常运转等情况之一时，应作故障停机处理。

2. 辅助设备的故障停机

在制冷系统中，除制冷压缩机以外的设备都称为辅助设备，包括蒸发器、气液分离器、油分离器、冷凝器、高压贮液器、低压循环贮液器、中间冷却器、空气分离器、集油器、低压贮液器（即低压排液桶）、紧急泄氨器等。这些设备都属于压力容器，其结构比较简单，只要制造材料没有问题，制造工艺符合规范要求，在实际使用过程中一般不会出现故障，而发生故障的大多是它们的附件，如相关阀门的漏气漏液、液位计破裂、安全阀起跳等。

（1）相关阀门的漏气漏液故障停机

若相关阀门的漏气漏液量较小，现场可通过紧一紧阀门的法兰或螺栓来排除故障，若不能排除故障或相关阀门的漏气漏液量较大，则应进行故障停机处理。

（2）液位计破裂的故障停机

由于液位计上的两只阀门是弹子阀，当液位计破裂时，弹子阀会自动关闭，液位计中的少量工作介质泄漏，但液位计已不能反映容器中液位的变化，应立即作故障停机处理。

（3）安全阀起跳的故障停机

制冷系统除安装有安全阀外，还安装有高压控制器，按照规范要求，高压控制器的动作压力值应比安全阀的起跳压力值小，即当设备压力升高发生故障时，首先应是高压控制器动作，切断压缩机电源，压缩机停止运行后，系统压力就不会继续升高，若安全阀起跳，则意味着高压控制器出现故障。对安全阀起跳处理后，应对高压控制器进行检查。安全阀是控制设备压力的最后一道屏障，一旦安全阀起跳，绝不允许关闭安全阀下面的截止阀门来阻止安全阀的泄压，这是非常危险的，应作故障停机处理。

二、其他原因停机

其他原因停机是指非制冷系统故障导致制冷系统不能继续运行而必须停机。这类故障属于突发事件，如突然停电、突然断冷却水、突然断冷媒水、机房发生火灾等。

1. 突然断电的停机

突然断电的原因有两种：一是机房内的供电设备出现故障造成停电，二是外线供电电路或本单位变电站停电。不管是什么原因引起的停电，都要首先作好紧急停机处理，然后根据停电的原因作相应的处理，即检查和修理供电设备，尽快恢复供电，或做好下次开机的准备，当外线恢复供电时，应使制冷系统迅速恢复运行。

2. 突然断冷却水的停机

在制冷系统运行时，有时会发生突然断冷却水的事故，一般是由于冷却水泵故障造成的，如冷却水泵电器损坏、冷却水泵电动机烧坏、冷却水泵损坏等。此外冷却水泵出口止逆阀不能打开，闸板阀的阀芯脱落也会造成冷却水中断。

由于突然断冷却水会使冷凝器失去冷却水源，造成压缩机的高温高压排气不能被冷却成液体，导致冷凝压力急剧升高，在短时间内会使冷凝压力超过规定值，压力控制器动作切断压缩机电源，若压力控制器出现故障，会进一步引起安全阀起跳，如果安全阀也失灵，后果不堪设想。所以突然断冷却水比突然断电和安全阀起跳所造成的后果更严重。应该在机房内或值班室内安装断冷却水声光报警装置，一旦出现断冷却水现象发出声光报警，就会提醒值班人员作出反应，及时处理，避免发生更大的危险。

3. 突然断冷媒水的停机

制冷系统在正常运行工况条件下，一般会由于冷媒水泵故障或由于冷媒水泵出口止逆阀故障，造成冷媒水供应突然中断的事故。

由于突然断冷媒水会使蒸发器内制冷剂蒸发吸收的冷量不能被冷媒水及时带走，会造成蒸发器内温度快速降低，有可能引起蒸发器内的冷媒水结冰，引起管道爆裂事故。应该在机房内或值班室内安装断冷媒水声光报警装置，一旦出现断冷媒水现象发出声光报警，就会提醒值班人员作出反应，及时处理，避免发生更大的危险。

4. 机房发生火灾的停机

当机房发生火灾时，值班人员千万不能惊慌失措，应积极组织扑救，若火势较大，不能自我扑救，则应在自救的同时迅速拨打火警电话，详细说明火灾现场的地址、火灾的性质，并派人在距离火灾现场最近的主干道路口接应消防队。

如果发生火灾的机房使用的是氨制冷剂，则在紧急停机程序中必须遵守的原则是：一定要把系统内的氨液经紧急泄氨器全部排放掉。因为氨在空气中的浓度达到13.1%～26.8%时，遇明火有爆炸危险。氟利昂不会燃烧也不会爆炸，在机房发生火灾时不需要排放掉。

 技能要求

制冷压缩机故障紧急停机

一、活塞式制冷压缩机故障紧急停机

步骤1 切断制冷压缩机的电源，停止制冷压缩机的运行。

步骤2 关闭制冷压缩机的吸气阀门。

步骤3 关闭制冷压缩机的排气阀门。

步骤4 关闭高压贮液器或冷凝器出口的供液阀及节流阀。

步骤5 停止冷却水泵、冷媒水泵、冷却塔风机的运转。

步骤6 查清故障原因，并作及时处理。记录故障发生的时间、故障情况、处理结果，并上报主管部门。

二、螺杆式制冷压缩机故障紧急停机

步骤 1 切断制冷压缩机电源，停止制冷压缩机运行。关闭制冷压缩机的吸气阀，关闭机组供液管路上的电磁阀及冷凝器的出液阀，停止向蒸发器供液。

步骤 2 停止油泵工作。关闭油冷却器的冷却水进水阀。

步骤 3 停止冷媒水泵、冷却水泵和冷却塔风机。

步骤 4 查清故障原因并作相应处理。记录故障情况、故障发生时间、处理结果，并上报主管部门。

三、离心式制冷压缩机故障紧急停机

步骤 1 切断压缩机电源，停止制冷压缩机运行。

步骤 2 立即关闭高压贮液器或冷凝器的出口控制阀或节流阀，停止向蒸发器供液。

步骤 3 停止油泵运转。

步骤 4 停止冷媒水泵、冷却水泵和冷却塔风机。

步骤 5 查明故障原因并作相应处理。记录故障情况、故障发生时间、处理结果，并上报主管部门。

四、溴化锂吸收式制冷机组故障紧急停机

立即关闭蒸汽阀门，旁通冷剂水至吸收器，打开凝结水疏水器旁通阀，并尽量按本节学习单元 1 中介绍的正常步骤停机。

辅助设备故障紧急停机

一、相关阀门的漏气漏液故障停机

步骤 1 关闭蒸发器的供液阀。

步骤 2 切断制冷压缩机的电源，关闭制冷压缩机的吸气阀门和排气阀门。

步骤 3 停止冷媒水系统和冷却水系统的运行。

步骤 4 进行相应的处理。

步骤 5 将故障情况、故障发生时间、处理结果如实填写在设备运行日志中。

二、液位计破裂故障停机

步骤 1 关闭蒸发器的供液阀。

步骤2　切断制冷压缩机的电源，关闭制冷压缩机的吸气阀门和排气阀门。

步骤3　停止冷媒水系统和冷却水系统的运行。

步骤4　更换液位计的玻璃板和玻璃管。

步骤5　将故障情况、故障发生时间、处理结果如实填写在设备运行日志中。

三、安全阀起跳故障停机

步骤1　立即切断制冷压缩机的电源，关闭制冷压缩机的吸气阀门和排气阀门。

步骤2　关闭冷媒水系统，冷却水系统继续运行，使系统内压力迅速降低。

步骤3　安全阀自动关闭后，进行相应的检查和处理。

步骤4　将故障情况、故障发生时间、处理结果如实填写在设备运行日志中。

其他原因紧急停机

一、突然断电紧急停机

步骤1　迅速关闭系统中的供液阀，停止向蒸发器供液。避免在恢复供电而重新启动制冷压缩机时造成"液击"故障。根据制冷系统的不同，分别关闭的阀门包括：蒸发器的供液阀、重力供液器的供液阀、中间冷却器的供液阀、低压循环贮液器的供液阀。

步骤2　迅速关闭制冷压缩机吸、排气阀。

步骤3　如果系统正在进行其他作业，如排油作业、排空气作业等，应关闭其相应的阀门。

步骤4　切断机房电源，防止外线恢复供电时造成某些设备非人为启动。同时查明是外线停电还是内线停电以及停电的原因，并作相应的处理。

步骤5　把停电的时间、停电原因、处理结果如实记录在设备运行日志中，并上报主管部门。

二、突然断冷却水紧急停机

步骤1　切断制冷压缩机电动机电源，停止制冷压缩机的运行。

步骤2　关闭制冷压缩机吸、排气阀。

步骤3　关闭供液阀或节流阀，停止向蒸发器供液。

步骤4　查明突然断冷却水的原因并作相应处理。把断冷却水的情况、发生时间、处理结果如实记录在设备运行日志中，并上报主管部门。

三、突然断冷媒水紧急停机

步骤1 关闭供液阀（高压贮液器或冷凝器的出口控制阀）或节流阀，停止向蒸发器供液态制冷剂。

步骤2 关闭制冷压缩机吸气阀，使蒸发器内的液态制冷剂不再蒸发或蒸发压力高于0℃时制冷剂相对应的饱和压力。

步骤3 继续开启压缩机，当曲轴箱内的压力接近或高于0MPa时，停止压缩机运行。

步骤4 查明突然断冷媒水的原因并作相应处理。把断冷媒水的情况、发生时间、处理结果如实记录在设备运行日志中，并上报主管部门。

四、机房发生火灾的紧急停机

步骤1 立即切断电源，停止一切设备的运行。

步骤2 组织自救并拨打报警电话。

步骤3 将系统的氨液经紧急泄氨器尽快全部排放掉。

步骤4 将火灾发生的时间、原因、处理结果如实填写在设备运行日志中。

步骤5 填写火灾事故报告单，按组织程序在时限内逐级上报。

学习单元3 补充冷却水或载冷剂

学习目标

➤熟悉冷却水或载冷剂的正常液位标志
➤掌握补充冷却水或载冷剂的操作方法
➤能及时补充冷却水和载冷剂

知识要求

一、冷却水的补充要求

冷却水的补充要求包括水温、水量和水质三个方面。

1. 水温

冷却水温度较低，有利于降低冷凝温度和压缩机的能耗。冷却水的水温取决于水源的水温和当地的气候条件。为了保证制冷系统的冷凝温度不超过制冷压缩机的允许工作条件，冷却水水温一般应符合表1—6的要求。

表1—6　　　　　　　　　　冷却水水温　　　　　　　　　　　　　℃

设备名称	进水温度	出水温度	设备名称	进水温度	出水温度
压缩机	10~32	≤45	卧式冷凝器	≤29	≤35
小型空调机组	≤30	≤35	淋激式冷凝器	≤31	≤34
立式冷凝器	≤31	≤35			

2. 水量

冷却水的水量是确保冷凝器运行中达到额定换热效果及制冷效果的重要工作参数，不得轻易改动。各型机组的正常额定冷却水量，应符合该产品使用说明书中的规定值。

3. 水质

冷却水的水质是保证机组制冷能力和运转寿命的重要指标。水质要求应符合国家标准 GB/T 18430.1—2007《蒸气压缩循环冷水（热泵）机组第1部分：工业或商业用及类似用途的冷水（热泵）机组》的规定，以避免在设备或管道系统中产生较严重的水垢、黏泥、腐蚀等危害。制冷装置使用的冷却水一般应符合表1—7的规定。对冷却水应定期进行取水样化验分析，每次采样测定的时间不多于60天。

表1—7　　　　　　　制冷设备用冷却水水质标准

	项目		基准值	倾向	
				腐蚀	结垢
基准项	酸碱度 pH（25℃）		6.5~8.0	○	○
	电导率（25℃）	μS/cm	<800	○	○
	氯离子 Cl^-	mg（Cl^-）/L	<200	○	
	硫酸根离子 SO_4^{2-}	mg（SO_4^{2-}）/L	<200	○	
	酸消耗量（pH=4.8）	mg（$CaCO_3$）/L	<100		○
	全硬度	mg（$CaCO_3$）/L	<200		○
参考项目	铁 Fe	mg（Fe）/L	<1.0	○	○
	硫离子 S^{2-}	mg（S^{2-}）/L	检不出	○	
	铵离子 NH_4^+	mg（NH_4^+）/L	<1.0	○	
	二氧化硅（SiO_2）	mg（SiO_2）/L	<50		○

注：○表示腐蚀或结垢倾向的有关因素。

如果制冷装置使用了不符合标准的冷却水，就会因污垢的集聚使换热效果变差及机组制冷量下降，或者因为腐蚀严重酿成冷凝器或水系统漏水事故，降低设备的使用寿命。冷却水使用中，要特别注意全硬度和电导率的监测，因为它们对设备的使用性能和使用寿命有重要的影响。

制冷装置的冷却水系统要求畅通无阻，不允许有垃圾和杂物混入。解决这一问题的有效措施是在水系统中装设过滤器。

二、载冷剂的补充要求

在间接式制冷系统中，被冷却物体（或空间）中的热量是通过中间介质传给制冷剂的，这种中间介质在制冷工程中称为载冷剂（或冷媒）。

载冷剂在制冷压缩机的蒸发器中放出热量，本身被冷却，在冷却对象中吸收热量，本身被加热。显热载冷剂是通过其温度变化传递冷量的，潜热载冷剂是通过其相变传递冷量的。

1. 载冷剂的物理、化学性质要求

载冷剂的物理、化学性质应尽可能满足下列要求：

（1）显热载冷剂的凝固点低，在使用温度范围内不凝固、挥发性小；潜热载冷剂的凝固点符合使用温度要求。

（2）比热容大，在使用过程中需要载冷剂的循环量少。

（3）密度小，黏度小，以降低流动阻力，提高传热效果，减小能耗。

（4）热导率大，以利于冷量的传递。

（5）无臭、无毒、不燃烧、不爆炸、化学稳定性好，不腐蚀金属，不污染环境。

（6）价格低廉，并容易获得。

2. 常用载冷剂的补充要求

常用的载冷剂有空气、水、盐水、有机化合物及其水溶液。

（1）空气

空气作为载冷剂有较多优点，特别是价格低廉和容易获得。但空气的比热容小，热导率小，影响了它的使用范围。空调、冷库的制冷系统常采用空气直接冷却系统。

（2）水

水可作为工作温度大于0℃的载冷剂。水的比热容大，对流传热性能好，价格低廉。因此它在大型中央空调系统和0℃以上的冷却过程中被广泛地用做载冷剂。水作为载冷剂的补充要求同上述冷却水的补充要求。

（3）盐水

盐水可作为工作温度小于0℃的载冷剂。常用的盐水是由氯化钙（$CaCl_2$）、氯化钠（$NaCl$）和氯化镁（$MgCl_2$）配置成的盐水溶液。比较起来氯化镁溶液价格较贵。

盐水的性质取决于溶液中盐的浓度。图1—23所示为氯化钠盐水的温度—浓度关系图。图中左右各有一条曲线，左边是析冰（凝固）线，右边是析盐线。两曲线的交点称为冰盐共晶点。由析冰线可知，起始析冰温度随着含盐量的增加而降低，直到冰盐共晶点为止。冰盐共晶点是盐水的最低凝固点。当浓度低于冰盐共晶点时，首先析出冰。当浓度超过冰盐共晶点时，从盐水中析出的首先是结晶盐，而且析盐温度随着浓度的增加而升高。常用的三种盐水的冰盐共晶点温度和浓度见表1—8。

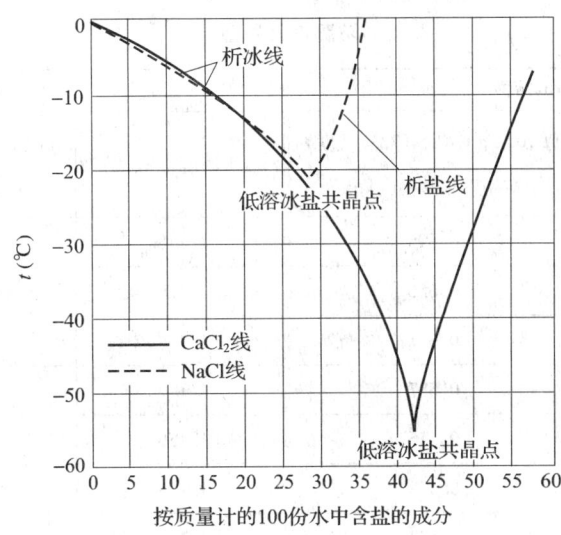

图1—23 盐水的凝固点随盐浓度的变化

表1—8 盐水冰盐共晶点

盐水名称		$CaCl_2$盐水	$NaCl$盐水	$MgCl_2$盐水
冰盐共晶点	温度（℃）	-55	-21.2	-33.6
	浓度（%）	42.7	29	25.9
适用于蒸发温度范围（℃）		>-50	>-16	>-27

配置盐水溶液应当注意以下几点：

1）盐水浓度越大，密度越大，流动阻力越大，而比热容反而减小。这样为了传递同样的热量，就得增加盐水的循环量。因此，盐水浓度越大，功耗也越大。所以一般使用的盐水浓度在共晶点左侧。

2）为了保证蒸发器中的盐水不冻结，要求盐水的凝固点温度应低于制冷剂的蒸发温度5℃左右，不同的盐水适用的蒸发温度见表1—8。

3）减少盐水同空气的接触机会，最好采用闭式循环系统。因为盐水同空气接触时，会不断地从空气中吸收水分和氧气，而吸收水分会降低盐水的浓度，使凝固点升高，吸收氧气，可增加盐水的腐蚀性。所以，盐水在使用中，一方面应定期用密度计检测盐水的浓度，当浓度降低时要及时添加盐量；另一方面，为了减少腐蚀，应在盐水中添加一定量的防腐剂，使盐水溶液的 pH 值保持在 7.5～8.5，呈弱碱性。这可用酚酞试剂来测定，酚酞试剂与盐水混合时呈淡玫瑰色为宜。常用的防腐剂是氢氧化钠（NaOH）和重铬酸钠（$Na_2Cr_2O_7$）的混合物，它们的质量比是 27∶100。防腐剂的使用量见表 1—9。

表 1—9   防腐剂使用量

$CaCl_2$ 溶液		NaCl 溶液	
盐水浓度（kg/L）	每 100 kg $CaCl_2$（73%纯度）应用重铬酸钠（kg）	盐水浓度（kg/L）	每 100 kg NaCl（73%纯度）应用重铬酸钠（kg）
1.160	0.695	1.118	1.79
1.169	0.656	1.126	1.67
1.179	0.621	1.134	1.57
1.188	0.587	1.142	1.47
1.198	0.556	1.150	1.39
1.208	0.528	1.158	1.32
1.218	0.502	1.166	1.24
1.229	0.478	1.175	1.18
1.239	0.455		
1.250	0.453		

4）重铬酸钠会伤害皮肤，调配溶液时应多加小心。

（4）有机化合物或其水溶液

鉴于盐水溶液有腐蚀性，对于一些温度较低的制冷系统，可以采用有机化合物或其水溶液做载冷剂。有机载冷剂主要有乙二醇、丙二醇的水溶液，它们都是无色、无味、无电解性的溶液，冰点都比较低，最低温度可达 -48.9℃，化学稳定性好，对管道、容器等金属材料无腐蚀作用。

丙二醇是无毒的，可以和食品直接接触而不至于污染食品。乙二醇略带毒性，但无危害性，价格和黏度较丙二醇低。

补充冷却水操作

一、操作准备

准备相应工器具。

二、操作步骤

步骤1 观察冷却水泵电流

观察冷却水泵电流表读数,正常情况下应不超过其额定电流值。若是水量不足,造成空气吸入水泵,会引起电流增大。

步骤2 观察水温、水位

观察冷凝器冷却水进口温度,若冷却水量不足则冷却水温度会上升;观察供水系统的水池,若水量不足则水位低于设定值,如图1—24所示;观察冷却塔底部的水位,水量不足则水位低于设定值,如图1—25所示。

步骤3 开水

打开补水阀,补充符合要求的冷却水。

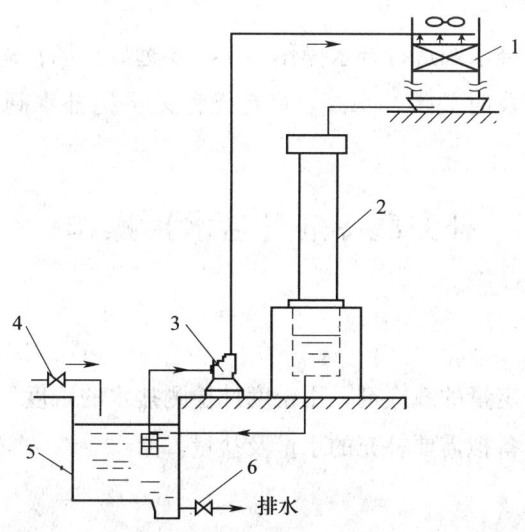

图1—24 循环水供水系统
1—冷却塔 2—立式冷凝器 3—水泵 4—补水阀 5—水池 6—排水阀

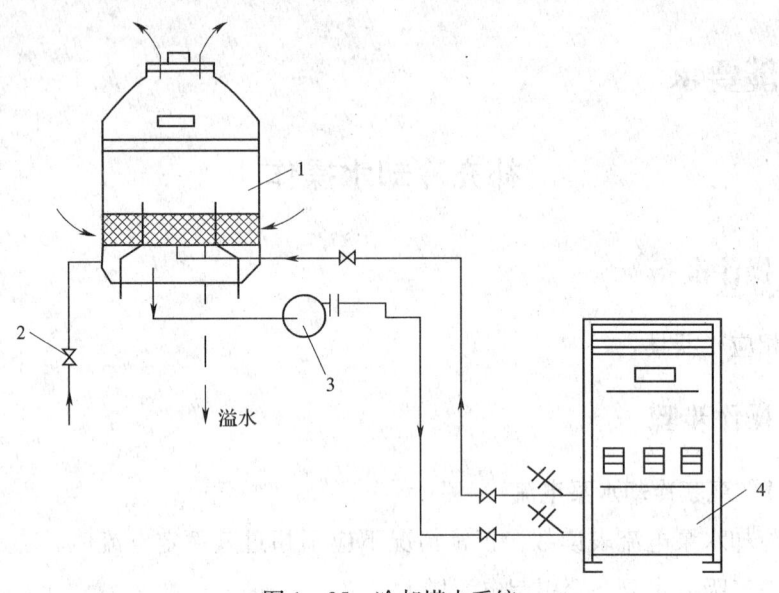

图1—25 冷却塔水系统

1—冷却塔 2—补水阀 3—循环水泵 4—制冷机

步骤4 停水

当冷却水位达到规定位置时,关闭补水阀,补水结束。

步骤5 记录

把补充冷却水的时间、补充水的情况记录在设备运行日志中。

三、注意事项

操作人员在打开补水阀进行补水操作时,不要远离现场,需认真观察水位的变化,达到要求水位时及时关闭补水阀。避免操作人员把补水阀打开后离开操作现场,引起水溢出。

补充载冷剂(盐水)操作

一、操作准备

从系统中取出一定量的载冷剂,用密度计检测盐水的浓度,与系统要求的浓度进行比较,计算并准备拟需要补充的水量及盐量。

二、操作步骤

步骤1 观察温度、液位

观察载冷剂的温度,载冷剂浓度降低,温度会升高;观察载冷剂的液位,载冷剂减少，液位低于要求的位置。

步骤2　补充载冷剂

打开水阀，把准备好的盐补充到载冷剂系统，直到载冷剂液位达到要求的位置（水作为载冷剂时补充水至要求水位即可）。

步骤3　试验

初步补充载冷剂后，测定浓度是否达到使用要求，如不符，根据测定数值调整浓度、水位、水量等直至满足使用要求。

步骤4　记录

把补充载冷剂的时间、数量、情况等记录在设备运行日志中。

三、注意事项

在补充载冷剂时，载冷剂的浓度不断变化，其温度也随着变化，要密切注意载冷剂温度的变化情况。

第3节　巡　　检

学习单元1　确认系统运行参数

学习目标

➢掌握制冷压缩机及辅助设备正常工作时电压、电流、压力、温度、液位、油位等各种参数的范围

➢能确认系统运行参数是否正常

知识要求

制冷系统正常工作时，其仪表指示、运行声响、振动都应在规定的数值和合理的范围内。超过规定的数值或超出合理的范围，则表示设备有异常情况，所以

了解制冷系统正常运行的参数范围,是发现设备异常并进行相应处理的先决条件。

一、氨活塞式制冷压缩机正常运行时的主要参数范围

1. 温度参数范围

(1) 制冷压缩机的排气温度

单级制冷压缩机的排气温度一般在 70~145℃ 之间;双级制冷压缩机的高压级排气温度一般在 80~120℃ 之间,最高排气温度不应高于 150℃。排气温度不能太高,太高时应停机查明原因。制冷形式不同,对此温度的要求也应不同。如在空调工况下工作的制冷压缩机,排气温度就比标准工况下工作的制冷压缩机高,这都是正常的。

(2) 制冷压缩机的吸气温度

单级制冷压缩机及双级制冷压缩机的吸气温度应比相对应系统的蒸发温度高 5~15℃。

(3) 油温

制冷压缩机曲轴箱的油温一般应保持在 45~60℃ 之间,最高不应高于 65℃,最低不低于 10℃。正常运行情况下润滑油应不起泡沫。

(4) 轴承温度

制冷压缩机轴承温度在 35~60℃ 之间,不得超过 70℃。

(5) 冷却水温差

制冷压缩机气缸套冷却水水套进、出水口的温差在 5~10℃ 之间,不得超过 15℃。水冷式冷凝器冷却水进、出口温差为 1.5~3℃,冷凝温度一般比出水温度高 3~5℃。

2. 压力参数范围

(1) 制冷压缩机的排气压力

单级制冷压缩机及双级制冷压缩机的高压级排气压力最高不得超过 1.5 MPa,双级制冷压缩机的低压级排气压力最高不得超过 0.6 MPa。运行中,高压端的排气压力与冷凝压力、高压贮液器压力相近,如不相近就不正常。

(2) 制冷压缩机的吸气压力

单级制冷压缩机及双级制冷压缩机的低压级吸气压力应与系统的蒸发压力相对应。运行中,吸气压力与蒸发压力应近似,否则就不正常。

(3) 油压

低转速制冷压缩机的油压应比曲轴箱内气体压力高 0.05~0.15 MPa。有能量

调节装置的活塞式制冷压缩机的油压应比曲轴箱内气体压力高 0.15~0.3 MPa。

（4）冷凝压力

冷凝压力的高低主要是根据水源情况、冷凝器的结构形式及使用的制冷剂所决定。水冷式冷凝器的工作压力不得超过 1.37 MPa。在运行中，冷凝压力太高对制冷效率的提高是有害的。

3．液位参数范围

（1）高压贮液器的液位

高压贮液器的液位高度应相对稳定，液位高度在桶径的 40%~60% 范围内波动，液位高度不得低于桶径的 30%，不得超过桶径的 80%。

（2）低压循环贮液器的液位

低压循环贮液器的液位高度应保持在桶高的 30%。

（3）氨液分离器的液位

采用重力供液时，氨液分离器内的液位应保持在桶高的 40% 左右，油位（指油位指示器）应相对稳定。

（4）中间冷却器的液位

采用双级压缩运行时，中间冷却器内的液位应保持在桶高的 40% 左右，最高不能超过 50%。

4．油位参数范围

单视油镜曲轴箱正常油位在视孔的 1/3~1/2 位置。双视油镜曲轴箱油位正常在上视孔的 1/3 到下视孔的 2/3 之间。

5．其他参数范围

（1）电源电压

电源电压应符合设备的额定电压要求，其波动范围应为 -15%~10%。

（2）电动机电流

电动机工作电流不能超过电动机铭牌标定的电流。

（3）密封器的正常滴油量

开启式压缩机轴密封器的正常滴油量应不大于 3 mL/h，且不应有漏氨现象。

（4）洗涤式油氨分离器温度

洗涤式油氨分离器在正常工作时，上部温度稍低于排气温度，下部温度比上部温度稍低，说明下部有足够的氨液，分油正常。

（5）系统正常运行时的声音

制冷系统正常运行时，都会发出一些有节奏、有规律的声响。如液体流经节流阀时会发出连续的"咻咻"声,若这种声音中断或变小,则表明过滤器有堵塞或系统有冰堵现象;正常运行的活塞式制冷压缩机会发出有节奏的"咯咯"声,螺杆机、离心机会发出有规律的"吱吱"声等,一旦这种节奏或规律被打破,则表明制冷压缩机有异常。

(6) 系统正常运行时的振动

制冷系统运行时,设备的振动是不可避免的,其中制冷压缩机的振动最大,这种振动还直接或间接作用于其他设备,压缩机的振动应在合理的范围内,直观检查压缩机和底盘、底盘和地基之间不应有松动现象,用手扶住压缩机,手不能被弹起,更不能有被振得麻木的感觉。

二、氟利昂活塞式制冷压缩机正常运行时的主要参数范围

1. 温度参数范围

(1) 压缩机的排气温度

当以 R22 为工作介质时最高排气温度不超过 135℃,当以 R12 为工作介质时最高排气温度不超过 130℃,当以 R13 为工作介质时最高排气温度不超过 125℃。

(2) 压缩机的吸气温度

氟利昂活塞式制冷压缩机的吸气温度最高不超过 15℃。

(3) 油温

氟利昂活塞式制冷压缩机的油温不应高于 70℃。

2. 压力参数范围

(1) 油压

系列化氟利昂活塞式制冷压缩机的油压应比曲轴箱内气体压力高 0.15~0.3 MPa。

(2) 冷凝压力

对于水冷式冷凝器,以 R22 为工作介质时不超过 1.37 MPa,以 R12 为工作介质时不超过 1.18 MPa。

(3) 热氟利昂融霜压力

采用热氟利昂融霜时,R22 制冷剂气体进入蒸发器前的压力不得超过 0.8 MPa,R12 制冷剂气体进入蒸发器前的压力不得超过 0.6 MPa。

3. 液位参数范围

高压贮液器液位要保持相对稳定,液位高度应在桶径的 40%~60% 范围内波动,最低不得低于 30%,最高不能超过 80%。

4．油位参数范围

单视油镜的油位高度应在视油孔的 1/3～1/2 位置。双视油镜的油位高度应在上视孔的 1/3 到下视孔的 2/3 之间。

5．其他参数范围

（1）电源电压

电源电压应符合设备的额定电压要求，其波动范围应为 -15%～+10%。

（2）电动机电流

电动机电流不能超过电动机铭牌标定的电流。

（3）密封器的正常滴油量

开启式氟利昂活塞式制冷压缩机轴密封器不应有漏油现象。

（4）温度控制器应能按预先调定的温度停机和开机。

（5）膨胀阀内制冷剂流通应正常，无阻塞现象，热力膨胀阀出口一侧应结霜或结露，但进口处不能出现浓厚结霜。

（6）油氟利昂分离器上应有自动回油装置，自动回油正常。

（7）冷风机单独用水冲霜时，严禁制冷压缩机和风机同时工作。

三、氨螺杆式制冷压缩机正常运行时的主要参数范围

1．温度参数范围

（1）制冷压缩机的排气温度

单级制冷压缩机及双级制冷压缩机的高压级排气温度为 50～90℃，低压级制冷压缩机的排气温度为 40～70℃。

（2）制冷压缩机的吸气温度

单级制冷压缩机的吸气温度为 -50～20℃，双级制冷压缩机的低压级吸气温度为 -60～20℃。

（3）油温

单级及双级制冷压缩机的供油温度均为 20～50℃，单级及双级制冷压缩机的供油标准温度均为 35～45℃。

2．压力参数范围

（1）制冷压缩机的排气压力

单级制冷压缩机及双级制冷压缩机的高压级排气压力为 0.8～1.4 MPa，低压级排气压力为 0.05～0.45 MPa。

（2）制冷压缩机的吸气压力

氨螺杆式制冷压缩机的吸气压力为 0～0.45 MP，且与系统的蒸发压力相对应。

（3）油压

油压应高于排气压力 0.1～0.4 MPa，标准油压应高于排气压力 0.2～0.3 MPa，过滤器油压应高于标准油压 0.5 MPa 以内。

3. 液位参数范围

同氨活塞式制冷压缩机。

4. 油位参数范围

同氨活塞式制冷压缩机。

5. 其他参数范围

（1）压缩机油泵轴封泄漏量

压缩机油泵轴封泄漏量为每分钟少于 5 滴，每小时少于 3 mL。

（2）电源电压、电流、其他辅助设备参数范围

同氨活塞式制冷压缩机。

四、氟利昂螺杆式制冷压缩机正常运行时的主要参数范围（以 R22 为工作介质）

1. 温度参数范围

（1）制冷压缩机的排气温度

单级制冷压缩机及双级制冷压缩机的高压级排气温度为 45～90℃，低压级制冷压缩机的排气温度为 35～70℃。

（2）制冷压缩机的吸气温度

单级制冷压缩机的吸气温度为 -50～20℃，双级制冷压缩机的低压级吸气温度为 -60～20℃。

（3）油温

单级及双级压缩机的供油温度均为 30～55℃，单级及双级压缩机的供油标准温度均为 35～45℃。

2. 压力参数范围

（1）制冷压缩机的排气压力

单级制冷压缩机及双级制冷压缩机的高压级排气压力为 0.9～1.5 MPa，低压级排气压力为 0.05～0.6 MPa。

（2）制冷压缩机的吸气压力

单级制冷压缩机的吸气压力为 0～0.6 MPa，双级制冷压缩机的低压级吸气压

力为 0~0.45 MPa。

（3）油压

油压应高于排气压力 0.1~0.4 MPa，标准油压应高于排气压力 0.2~0.3 MPa，过滤器油压应高于标准油压 0.15 MPa 以内。

3．液位参数范围

同氟利昂活塞式制冷压缩机。

4．油位参数范围

同氟利昂活塞式制冷压缩机。

5．其他参数范围

（1）氟利昂螺杆式制冷压缩机油泵轴封泄漏量为每分钟少于 6 滴，每小时少于 3 mL。

（2）电源电压、电流及其他辅助设备参数同氟利昂活塞式制冷压缩机。

五、氟利昂离心式制冷压缩机正常运行时的主要参数范围（冷水机组）

1．温度参数范围

（1）制冷压缩机的排气温度

制冷压缩机的排气温度一般为 60~70℃。如果排气温度过高，会引起冷却水水质的变化，杂质分解增多，使设备被腐蚀损坏的可能性增加。

（2）制冷压缩机的吸气温度

制冷压缩机的吸气温度应比蒸发温度高 1~2℃ 或 2~3℃，蒸发温度一般为 0~10℃，一般机组多控制在 0~5℃。

（3）油温

油温应控制在 43℃ 以上，润滑油泵轴承温度应为 60~74℃。如果润滑油泵运转时轴承温度高于 83℃，就会引起机组停机。

（4）冷凝温度

机组的冷凝温度比冷却水的出口温度高 2~4℃，冷凝温度一般控制在 40℃ 左右，冷凝器进水温度要求在 32℃ 以下。

（5）蒸发温度

机组的蒸发温度比冷媒水的出口温度低 2~4℃，冷媒水出口温度一般为 5~7℃。

（6）液体制冷剂的温度

冷凝器下部液体制冷剂的温度应比冷凝压力对应的饱和温度低2℃左右。

2. 压力参数范围

（1）制冷压缩机的排气压力

制冷压缩机的排气压力与排气温度相对应。

（2）制冷压缩机的吸气压力

制冷压缩机的吸气压力与吸气温度相对应。

（3）油压差

油压差应为0.15~0.2 MPa。

3. 其他参数范围

（1）从电动机的制冷剂冷却管道上的含水量指示器上，应能看到制冷剂液体的流动及干燥情况在合理的范围内。

（2）控制盘上电流表的读数小于或等于标定的额定电流。

（3）机组运行声音均匀、平稳，无喘振现象或其他异常声音。

六、溴化锂制冷压缩机正常运行时的主要参数范围（冷水机组）

1. 温度参数范围

（1）冷媒水的出口温度

冷媒水的出口温度为7℃左右。冷媒水流量可根据冷媒水进、出口温差为4~5℃或者按设定值来确定。

（2）冷却水的进口温度

冷却水的进口温度在25℃以上。冷却水流量是冷媒水流量的1.6~1.8倍。冷却水出口温度不高于38℃。

2. 压力参数范围

（1）冷媒水的出口压力

冷媒水的出口压力根据外界系统的情况来定，为0.2~0.6 MPa。

（2）冷却水的进口压力

冷却水的进口压力根据机组和冷却塔的位置而定，为0.2~0.4 MPa。

3. 其他参数范围

（1）溴化锂溶液的浓度在高压发生器中为62%左右，在低压发生器中为62.5%左右，稀溶液的浓度为58%左右。

（2）溶液的循环量在高、低压发生器中以溶液淹没传热管为合适，在其他部分的液面以达到液位计中间为宜。

(3) 控制盘上电流表的读数小于或等于规定的额定电流。

技能要求

确认系统运行参数

一、操作准备

确定巡查路线；准备巡查工具，如手电筒、调整阀门的钩扳子、管钳或活扳手等。

二、操作步骤

步骤1　巡查制冷压缩机运行参数

（1）沿巡查路线到制冷压缩机控制台前巡视，看高压排气压力表、中压表、吸气压力表、油压表的压力读数，参照制冷压缩机正常运行标志参数，确定是否在正常运行范围内。

（2）在制冷压缩机排气腔处查看高压排气温度，在低压吸气阀下查看低压吸气温度，在双级制冷压缩机上查看中间压力下的高压级吸气温度和低压级排气温度。

（3）查看油泵一端的油温，在联轴器一侧查看轴封温度，在制冷压缩机曲轴箱侧盖视油孔处查看油位高度。

（4）查看气缸水套冷却水进、出口温差。

（5）在巡查中，听制冷压缩机吸、排气阀片的起落声是否清脆、有规律，听电动机运转的声音是否正常。

（6）用手背触摸电动机外壳，感觉温度是否正常。

（7）查看电动机电流是否为额定值。

步骤2　巡查油分离器压力、油位

巡查洗涤式油分离器进、出阀门是否符合正常运行状态，用手感觉一下温度，桶体上半部温度较高，下半部温度稍低，而且明显低于上半部；查看油分离器上的压力表、油位，确定是否在正常运行范围以内。

步骤3　巡查中压设备

在双级压缩制冷系统中，中间冷却器是中间压力状态下的设备。巡查中间冷却器，正常状态下，其压力应为0.6 MPa，液位高度为桶身高度的50%以下。采用浮球供液的中间冷却器，其手动供液的节流阀、放油阀、排液阀应关闭，其余的阀门均开启。

步骤4　巡查冷凝器压力

（1）巡视检查水冷式、立式壳管式冷凝器上的压力表反应是否正常，查看安全阀及连接管不应有结露或结霜情况。

（2）巡查冷却水流量是否正常，从冷凝器上部看分水器是否能使冷却水均匀分布，冷凝器的上部及冷却水的通过管道内是否有污垢，水流是否畅通，冷却水进、出口温差是否在规定范围以内。

（3）查看阀门的开、关状态是否正常。

步骤5　巡查高压调节站

查看高压调节站上的压力表读数是否与冷凝器、高压贮液器上的压力表读数近似。总进液阀应开启，运行中系统的分液阀应开启，其余停止运行的系统，其分液阀应关闭。

步骤6　巡查低压循环贮液器或气液分离器

查看低压循环贮液器或气液分离器的外部保温层是否完好无损，外层表面应光洁整齐，无局部结露或结霜现象，然后查看其内部制冷剂的液位是否在正常范围内，液位是否稳定。查看低压循环贮液器或气液分离器的回气管和下液管（供氨泵的液管）是否畅通。

步骤7　巡查制冷剂泵

查看制冷剂泵转向是否正确，听声音是否正常，看电流表的读数是否为额定值，看进、出液阀是否完全打开，看压力表读数是否符合系统要求。

步骤8　巡查低压调节站

（1）低压调节站分为低压供液调节站和低压气体调节站。巡查低压调节站的压力表读数，查看热氨冲霜总阀与分阀是否关闭，查看冲霜回液总阀和分阀是否关闭。

（2）查看供液总阀与供液分阀是否开启，查看回气总阀和回气分阀是否开启。

（3）查看低压调节站保温层是否完好，查看所有的阀门有无泄漏的气味和痕迹。

步骤9　巡查蒸发器

（1）对于冷库内的蒸发器，应检查结霜是否均匀，有无局部化霜现象，有无氨气泄漏，查看吊顶蒸发器的结霜情况，若发现在顶管以下和顶吊管以上的空间结霜较厚，应报告班长安排融霜，防止顶排管过重发生坠管事故。

（2）对于盐水蒸发器，应检查浸泡在盐水中的蒸发器表面，不应有结冰现象，盐水搅拌器应正常工作，盐水流速符合技术要求。在盐水水平面以上和盖板以下裸露的回气干管应均匀结霜，盐水的颜色应正常。回气压力表读数应与当时的运行工况相对应。

步骤10　巡查其他设备

（1）查看运行中的冷风机叶片及防护罩是否完好，叶片与风筒、外壳有无摩擦，转动是否灵活。

（2）查看排液桶是否处于待工作状态。若排液桶内有氨液，应先排出氨液，使排液桶处于待工作状态。

学习单元2　添加与排放冷冻机油

 学习目标

➤掌握将冷冻机油加入或排出压缩机、油分离器的操作方法
➤掌握辅助设备排油的操作方法
➤能正确选用冷冻机油
➤能进行加油、放油操作

 知识要求

一、冷冻机油的选用

制冷系统的润滑油又称冷冻机油、制冷润滑油。

1. 冷冻机油的选择依据

不同的制冷系统使用的制冷剂不同，不同的制冷剂与冷冻机油的混合情况不同，冷冻机油的选择首先要考虑冷冻机油与制冷剂的混合情况。

冷冻机油的牌号是以油的黏度来确定的，牌号越小，其黏度也越小。由于氨不溶于冷冻机油，油的黏度不会降低，所以氨压缩机可以选用黏度较小的N15号冷冻机油。而由于R12、R22在曲轴箱内完全溶解于冷冻机油，会使油的黏度降低，所以应选用黏度较大的N32号、N46号冷冻机油。

使用其他制冷剂的机组，可根据制冷剂与冷冻机油的混合情况，参照选择冷冻机油。如果已知生产厂家的制冷压缩机，可根据厂家的规定选用冷冻机油。

在选择冷冻机油时，除了考虑使用的制冷剂种类外，还必须考虑压缩机的类型、工作温度等因素。表1—10是根据制冷剂的种类、压缩机的类型选择冷冻机油黏度的情况。其中离心式压缩机可根据负荷的大小选择N32、N46和N68的透平机油。

表1—10　　　　　　　　制冷装置中选用冷冻机油黏度的情况

制冷剂	压缩机类型	黏度（$\times 10^{-6} m^2/s$，38℃）	制冷剂	压缩机类型	黏度（$\times 10^{-6} m^2/s$，38℃）
R11	离心式	60~65	R12	回转式	60~65
R12	离心式	60~65	R134a	离心式	60~65
R22	离心式	60~86	R134a	螺杆式	32~100
R22	螺杆式	60~173	R717	螺杆式	60~65

2．冷冻机油变质的主要原因

（1）混入水分

当制冷剂中含有水分或者空气渗入制冷系统时都会将水分带入冷冻机油中。水分混入冷冻机油中，会引起其黏度降低和造成对金属的腐蚀。

（2）氧化

由于制冷系统密封程度不高，造成空气渗入制冷系统，空气中的氧与冷冻机油接触产生氧化变质。

（3）污染

若装冷冻机油的容器不清洁，有锈或有少量其他牌号油，会降低冷冻机油的黏度，甚至会破坏油膜的形成，使轴承和其他润滑面受损害。

3．冷冻机油品质的外观判断

冷冻机油的品质变化与否，应通过化验的方法得出结论。在没有化验的条件下，也可以从外观、颜色、气味直观地判断其品质好坏。

当冷冻机油中含有水分或杂质时，其透明度会降低；若冷冻机油品质下降，其颜色会变深。因此，可用滴管将冷冻机油的抽样滴在白色吸水纸上，若油迹颜色浅而均匀，则品质尚好；若油迹呈一组同心闭状分布，则油内含有杂质；若油迹呈褐色斑点状分布，则油已变质，不能使用。

二、制冷压缩机加入冷冻机油的操作要求

对于氨系统，由于氨与冷冻机油不溶，曲轴箱内的油会以油滴或油雾的形式随压缩机的排气进入冷凝器，最终在蒸发器内沉积下来，所以对于氨系统要定期向曲

轴箱添加冷冻机油。对于氟利昂系统，只要系统布置合理，回油就顺畅，一般不需要添加冷冻机油。

对压缩机加油时，应先检查冷冻机油的牌号和品质，保证其符合压缩机的使用要求，不允许将不同牌号的冷冻机油相互混合。添加时要注意视油镜的油位，冷冻机油过多也不利，它将使进入压缩机和系统的冷冻机油过多，可能引起油击，冷凝器、蒸发器传热恶化以及通过膨胀阀的制冷剂量减少等不正常现象。

1. 制冷压缩机停机时加油操作要求

添加少量冷冻机油或小型压缩机添加润滑油有时可利用吸气截止阀多用通道。操作时注意把连接的加油管中的空气排掉，启动压缩机，使曲轴箱处于真空状态，然后停止压缩机，依靠曲轴箱内的真空度把油吸入曲轴箱，直到油位达到视油镜1/2位置处停止加油。

2. 制冷压缩机运行中加油操作要求

目前新系列的压缩机，在压缩机曲轴箱底部设有放油三通阀，可实现压缩机不停机加油。操作时首先把加油管内注满油，一端连接在三通阀上，一端放入盛油容器内，然后把三通阀手柄拨到"加油"位置，油即被吸入，注意观察油位的变化，待油位达到视油镜1/2位置处，把三通阀手柄拨到"工作"位置，停止加油。

三、制冷压缩机排出冷冻机油的操作要求

1. 冷冻机油进入系统的可能性

（1）制冷压缩机在工作时，排气温度较高，在较高的温度下部分冷冻机油变成蒸气随制冷剂进入系统。温度越高，油的蒸发率越大，进入系统的油就越多。如80℃时，蒸发率为3.13%；100℃时，蒸发率为7.6%；120℃时，蒸发率为16.03%。在排气温度较高时，冷冻机油还会碳化结焦，吸附在排气阀片和排气腔内，直接影响阀片的工作。

（2）由于制冷剂在气缸中运行的速度很快，压缩机的排气速度高达24～30 m/s，这样很容易把冷冻机油带入系统，或者由于刮油环失效，活塞与气缸之间的间隙增大，冷冻机油就会沿着气缸壁升至活塞顶部，沿排气管道进入系统。虽然在管道中有油分离器，但仍然会有冷冻机油进入系统，特别是维护工作不到位时，这种现象更为严重。

2. 系统中存油的危害

（1）降低了设备的热交换能力，对提高制冷效率不利

当氨系统中进入冷冻机油后，随着管道、设备和制冷机温度的下降，冷冻机油

以一种油膜的形式附着在冷凝器、蒸发器等换热设备的传热面上，这就大大增加了热阻，降低了设备的热交换能力，对提高制冷效率不利。

（2）降低了辅助设备和管道的工作容积

由于温度降低，油的黏度增大，污物、机械杂质和油混合附着在辅助设备和管道上，必然使辅助设备的工作容积减少、管道的流通截面积降低，从而形成流动阻力，影响系统正常工作。

以上两种危害如不及时排除，时间久了就会造成制冷压缩机制冷量下降，动力消耗增加，制冷设备的效率降低。因此制冷系统要定期排油。

3. 排油操作要求

为了避免和减少冷冻机油对制冷系统的影响，一方面要正确掌握压缩机的加油量，另一方面要设置性能良好的油分离器，此外在制冷系统正常运转中还必须定期对制冷设备进行排油操作。

在制冷系统运行期间，若制冷设备需要排油，操作最好在设备停止运行时进行，因为此时操作比较安全，且排油效率高。若必须在制冷设备运行时排油，除要保证不影响制冷系统的正常工作外还要特别注意安全。

制冷设备排油时必须遵守操作规程，保证安全。需要排油的设备依次进行，不能两个或多个设备同时进行排油操作。所有设备的油必须先排放到集油器，经集油器集油后才可以排出制冷系统。设备排油前，集油器应处于低压工作状态。若集油器内压力过高，应先打开减压阀，使集油器内的压力降低至系统的回气压力时，再关闭减压阀待用。若集油器内有积油但还没有积满，用同样的方法，先减压再排油。若集油器内油已积满，排油前应先把集油器排空、降压待用。

四、辅助设备及集油器排油操作规程

1. 油分离器排油操作规程

（1）排油前应先关闭（洗涤式）油分离器的供液阀，15 min 后油分离器内的制冷剂液体基本蒸发完毕，冷冻机油便沉淀在底部。当制冷系统正常运行时，对（洗涤式）油分离器的停止供液时间不能太长，以免影响系统正常工作。

（2）当油分离器外壳中下部的温度上升到 40~45℃ 时，打开排油阀和集油器的进油阀向集油器排油。

（3）当油分离器排油阀处的管道发凉或结霜时说明油已排完，关闭排油阀，开启进液阀，恢复油分离器的正常工作。

（4）油分离器的排油次数应根据压缩机的耗油量而定，一般每月 1~2 次。

2. 低压循环贮液器排油操作规程

低压循环贮液器排油时应停止其工作,打开放油阀向集油器排油。其具体操作规程可参考油分离器排油操作规程进行。

3. 集油器排油操作规程

(1) 所有设备排出的冷冻机油都需经集油器排出,所以当各制冷设备向集油器排油时,集油器应处于低压待工作状态。

(2) 当制冷设备排油时,打开集油器进油阀进油,集油器油位达到70%时关闭进油阀,微开减压阀使油内夹带的氨液蒸发,为了加快氨液的蒸发可在集油器外表面喷淋水加热。10 min 后关闭减压阀。

(3) 观察集油器压力表的压力是否上升。若上升说明油中还有氨液存在,应再开减压阀减压,直至压力上升很少时再停止淋水,并关闭减压阀。

(4) 开启放油阀,将冷冻机油排出后集中进行再生处理。集油器内的油排放完毕后关闭排油阀,并可再为其他制冷设备集油。

(5) 集油器排油时操作人员不得离开现场。排油完毕后关闭排油阀,并记录排油时间和排油量。操作人员排油时应穿戴防护服装及橡皮手套,以防止氨液的腐蚀。

技能要求

制冷压缩机停机时加入冷冻机油操作

一、操作准备

1. 准备工器具

准备清洁、干燥的加油接管,准备盛油容器,根据多用通道吸气阀的规格准备合适的扳手备用。

2. 准备冷冻机油

依据制冷系统中所用冷冻机油的牌号,准备适量的相同牌号的冷冻机油,并把冷冻机油倒入盛油容器内待用。

二、操作步骤

步骤 1 连接

关闭吸气截止阀多用通道,用接管的一端接吸气截止阀多用通道,另一端通到盛油容器,如图 1—26 所示。

步骤 2 加油

稍微打开多用通道，放出一些制冷剂气体，把加油管中的空气排出，然后关闭多用通道，同时用手堵住加油管口，不让漏气。启动压缩机，瞬时即停（低压继电器应强迫通电），以免奔油。这样反复 2～3 次，使曲轴箱呈真空状态，然后停止压缩机，同时把用手堵住的加油管放入盛油容器内，油即被吸入，直到油位达到视油镜的 1/2 位置，停止抽吸。

步骤 3 拆除连接

关闭吸气截止阀多用通道，拆除加油管，加油完毕。

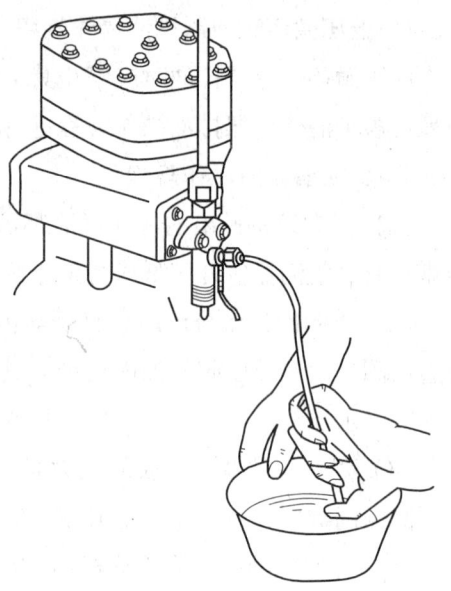

图 1—26 从吸气截止阀多用通道添加冷冻机油示意图

步骤 4 记录

用秤称量剩余的冷冻机油，计算添加的冷冻机油质量，把添加的油量、加油时间等填写到设备运行日志中。

三、注意事项

1. 打开多用通道时要缓慢操作，避免制冷剂放出过多。

2. 加油时要密切注意油位的变化，如果冷冻机油尚未加至要求的油位，油已无法吸入，应再次堵住吸油管口，并启动压缩机，把曲轴箱抽至真空后，继续吸油，直到油位符合要求为止。

制冷压缩机运行中加入冷冻机油操作

一、操作准备

1. 准备工器具

准备清洁干燥的加油接管，加油管上应装有过滤装置；准备盛油容器；根据三通阀的规格准备合适的扳手备用。

2. 准备冷冻机油

依据制冷系统中所用冷冻机油的牌号，准备适量的相同牌号的冷冻机油，并把冷冻机油倒入盛油容器内待用。

二、操作步骤

步骤1　连接

把放油三通阀置于"运转"位置，旋下螺塞，连接上加油管，油管另一端通入盛油容器。盛油容器的油面应高于曲轴箱的油面。

步骤2　加油

关小吸气截止阀，使曲轴箱压力略高于大气压力，将放油三通阀置于"放油"位置，让曲轴箱内的油流出，赶走管内的空气。然后迅速将放油三通阀旋至"吸油"位置，盛油容器内的油在油压差作用下被吸入曲轴箱。

步骤3　拆除连接

待油加至要求油位时，再把放油三通阀旋至运转位置，然后拆下油管，加油完毕。

步骤4　记录

称量剩余的冷冻机油，计算添加的冷冻机油质量，把加油量、加油时间填入设备运行日志中。

三、注意事项

1. 加油过程中要严格防止空气漏入。
2. 加油时要密切注意油位的变化。
3. 操作人员不能离开现场。

制冷压缩机排出冷冻机油操作

制冷压缩机有两种情况需要排出冷冻机油。一种情况是压缩机大、中修涉及曲轴箱时，需要排出制冷压缩机内的冷冻机油，排油时首先将压缩机内残余的制冷剂气体排放掉，然后打开压缩机底部的油阀或者三通阀，慢慢地将曲轴箱内的冷冻机油排出，其特点是排油稳定，但需要时间长。另一种情况是制冷压缩机运行时需要更换冷冻机油，对于这种情况可利用压力排放法，即利用压缩机停机时其内部的残余压力排油，操作如下。

一、操作准备

1. 隔离、排出曲轴箱制冷剂

停止压缩机运行，关闭压缩机与系统的所有连接阀门。通过放气阀排出曲轴箱制冷剂。

2. 准备工器具

准备盛油容器，根据油阀或三通阀的规格准备合适的扳手。

二、操作步骤

步骤1　连接容器

把排油管的一端连接于油阀或三通阀，另一端放入盛油容器。

步骤2　确认压力

检查压缩机曲轴箱内的残余压力，一般保持在 0.05~0.1 MPa 较为合适。

步骤3　放油

打开油阀或把三通阀旋到"放油"位置，开始放油，直到油排完。关闭油阀或把三通阀旋到"运转"位置。

步骤4　拆除连接

拆除排油管，排油完毕。

步骤5　记录

称量排出的油的质量，把排油质量、排油时间等情况填写到设备运行日志中。

三、注意事项

1. 缓慢操作

排油操作时缓慢打开油阀或三通阀，避免残余压力高时冷冻机油喷出。

2. 注意安全

氨系统排油过程中会有氨气溢出，注意保持排油现场通风良好，保证操作人员安全。

油分离器排出冷冻机油操作

氟利昂制冷系统，因氟与油互溶，无排油设备。而氨制冷系统，由于氨不溶于油，需要经常排放冷冻机油，因此在设计氨制冷系统时，油分离器、冷凝器、贮液器、中间冷却器、蒸发器等辅助设备，均有排油管与集油器进油管相连，这些辅助设备的排油方法、步骤类似，下面以氨油分离器为例介绍其排油过程。

一、操作准备

根据氨油分离器和集油器进、出管道上阀门的规格准备合适的扳手。

二、操作步骤

步骤1　集油器抽气降压

排油前停止油分离器工作,由于氨液密度小,油与氨分离后下沉。如图1—27所示,打开集油器回气阀2,集油器中的氨气被压缩机吸走,压力降低,当其压力与吸气压力相近时关闭回气阀。

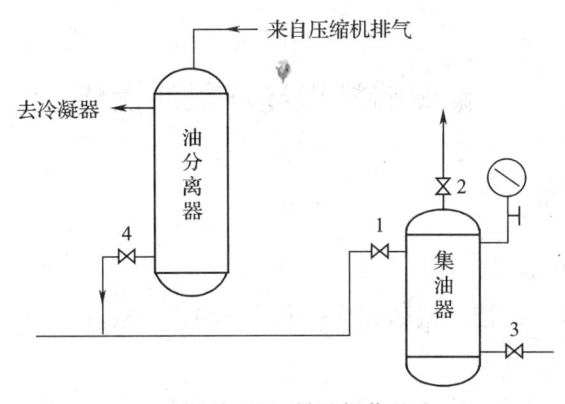

图1—27　排油操作

1—集油器进油阀　2—回气阀　3—放油阀　4—油分离器放油阀

步骤2　开启集油器进油阀

打开集油器进油阀1。

步骤3　开启油分离器放油阀

打开油分离器放油阀4,由于存在压力差,油分离器中的油和少量氨进入集油器。排油开始。

步骤4　观察集油器油位

在放油过程中认真观察集油器油位的变化,当油位上升到规定高度时,需要停止排油。

步骤5　关闭油分离器放油阀

关闭油分离器放油阀4。

步骤6　集油器抽气降压

微开集油器回气阀2,使其中的氨蒸发,氨气被压缩机吸走,压力降低,当其压力与吸气压力相近时关闭回气阀。关阀后观察集油器中压力的变化,若压力升高,重复该步骤,直到压力不升高为止。

步骤7　关闭集油器进油阀

关闭集油器进油阀1,油分离器排油结束。

步骤8 记录

称量排出的油质量,把排油量、排油时间和排油过程中集油器压力变化范围填入设备运行日志中。

三、注意事项

在排油抽氨气降压过程需缓慢开启回气阀,避免氨液进入制冷压缩机气缸内,造成液击。

集油器排出冷冻机油操作

一、操作准备

1. 工器具

准备合适的扳手一把,盛油容器一个,排油管一根。

2. 防护用具

准备防护服装一套、橡胶手套一双。

二、操作步骤

步骤1 连接

把排油管一端连接至集油器放油阀,另一端放入盛油容器,如图1—28所示。

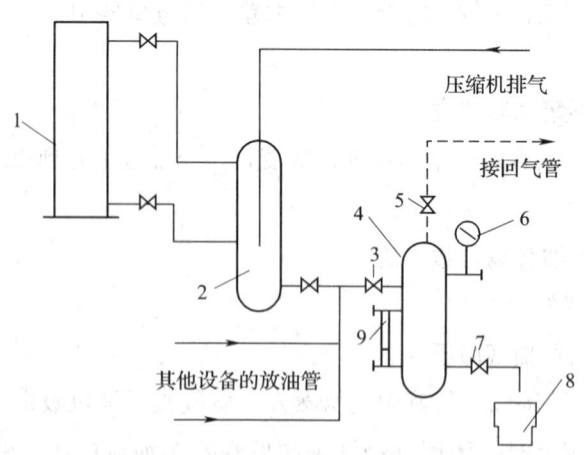

图1—28 集油器排油示意图

1—冷凝器 2—油分离器 3—进油阀 4—集油器 5—回气阀
6—压力表 7—放油阀 8—盛油容器 9—液位计

步骤2　抽气降压

微开回气阀5，使集油器中的氨液蒸发，氨气被压缩机吸走，压力降低，当其压力与吸气压力相近时关闭回气阀。观察集油器压力表的压力是否上升，若上升说明油中还有氨液，应再开回气阀降压，直至压力上升很少时关闭回气阀。

步骤3　隔离

关闭集油器进油阀3，把集油器和其他放油设备隔离。

步骤4　放油

打开集油器放油阀7，排油开始，当集油器中的油排放完后关闭放油阀。

步骤5　记录

称量排出的油质量，把排油量、排油时间等情况如实填写在设备运行日志中。

三、注意事项

1. 操作人员放油时应穿戴防护服装及橡胶手套，以防止氨液的腐蚀。
2. 集油器排油时，操作人员不得离开现场。
3. 排油过程中不得封闭盛油容器，以免容器内压力升高出现意外。

学习单元3　排除不凝性气体

学习目标

➤熟悉空气分离器的工作原理
➤掌握排放不凝性气体的操作方法
➤能排放系统内的不凝性气体

知识要求

一、不凝性气体的现象及危害

制冷系统在调试、操作和维修过程中，不可避免地会使一些空气混入制冷系统。制冷压缩机因排气温度过高使部分油和氨的分解气体存留在系统内，这些气体在冷凝条件下不会凝结，被称为不凝性气体。

1. 不凝性气体的现象

当制冷系统内有不凝性气体存在时，从现象上主要表现在两个方面，一方面是制冷压缩机排气压力表指针出现摆动，另一方面是压缩机排气压力和排气温度都大于正常的排气压力和排气温度。要注意的是，不只是系统有不凝性气体时才会引起压力表指针摆动，有时压缩机排气量不均匀也会引起压力表指针摆动。当排气量不连续时，指针摆动与活塞频率相同，指针摆动较快，摆幅较小，而不凝性气体引起的指针摆动较慢，摆幅稍大，应区别开来。

系统中含不凝性气体的多少，可通过冷凝压力和出液温度粗略估计，如果冷凝压力高于出液温度对应的饱和压力，说明系统中有不凝性气体存在。

2. 不凝性气体的危害

（1）降低了冷凝器的传热效率

不凝性气体进入系统后一般都贮存在冷凝器和贮液器中，会在冷凝器的传热表面上形成气体层，起到了增加热阻的作用，从而降低了冷凝器的传热效率。

（2）导致冷凝压力升高

根据道尔顿定律"一个容器或设备内，气体总压力等于各气体分压力之和"，当冷凝器中有不凝性气体存在时，冷凝器总压力等于不凝性气体分压力和制冷剂分压力之和。冷凝器中不凝性气体越多，其分压力越大，冷凝器总压力自然升高。

（3）导致制冷机制冷量下降和耗电量增加

不凝性气体的存在、冷凝压力的升高会导致制冷机制冷量下降和耗电量增加。

（4）腐蚀制冷管道和设备

由于不凝性气体进入系统，把一部分水蒸气带入了系统，使系统含水量增加，从而腐蚀制冷管道和设备。

（5）容易发生意外事故

制冷系统如果有不凝性气体存在，在排气温度较高的情况下，遇油类蒸气容易发生意外事故。

二、空气分离器的工作原理

制冷系统内若有不凝性气体，对系统的正常运行不利，应及时排除。空气分离器即是排除氨系统中不凝性气体的专门设备。

如图 1—29 所示为氨系统立式空气分离器原理图。当图示回气阀 2 打开，其他阀门都处于关闭状态时，空气分离器处于待工作状态。当需要排放空气时，首先打开混合气体入口阀 1，让冷凝器和贮液器中的不凝性气体与氨的混合物进入空气分离器，不进时再关闭混合气体入口阀 1。然后缓慢打开节流阀 5，使氨液经过节流阀减压进入蒸发盘管蒸发，吸收混合气体的热量，使混合气体中的氨气冷凝成液体下沉，而空气集中于上部。稍等一会儿，打开放空气阀 3，积存于空气分离器上部的空气经管道排放到水桶中。空气放完后，关闭放空气阀 3 和节流阀 5。然后微开回液节流阀 4，

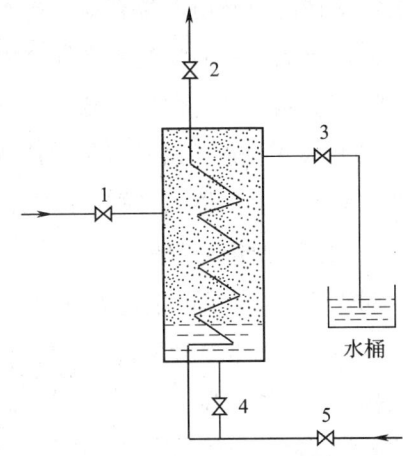

图 1—29　空气分离器工作原理
1—混合气体入口阀　2—回气阀
3—放空气阀　4—回液节流阀
5—节流阀

使冷凝下来的氨液重复使用，最后关闭回液节流阀 4，恢复空气分离器原状。如果空气一次未放完，可按上述办法重复进行，直到放完空气。

三、排放不凝性气体的操作要求

1. 氨制冷系统

（1）用空气分离器排放不凝性气体时，空气分离器的回气阀应处于常开状态，使空气分离器降至吸气压力，其他各阀门应关闭。

（2）适当开启混合气体入口阀，使制冷系统内的混合气体进入空气分离器。

（3）微开供液节流阀，开启大小可根据回气管结霜情况而定，一般控制在使回气管结霜在 1 m 左右，使氨液节流进入空气分离器盘管内汽化吸热，冷却混合气体。

（4）连接排放空气接口用的橡胶皮管，使其一端插入贮水容器内。当混合气体中的氨气被冷凝成氨液时，空气分离器底部就会结霜，这时可微开放空气阀，将不凝性气体通过贮水容器排出。若气泡在水中上升的过程中呈圆形上升而无体积变化，水不浑浊，水温也不上升，则放出的是空气，说明放空气阀的开启大小适中。如放出的气泡体积变小甚至消失，并有氨气味逸出，水渐成白色，水温升高，则说明排除的气体中含有氨气，空气已放完，应停止排放不凝性气体。

（5）混合气体中的氨气逐渐被冷凝成氨液，并积存于空气分离器底部，从外

壳的结霜情况可看出液位高度,当液位达到1/2时关闭供液节流阀,开启回液节流阀,使底层的氨液回流进入空气分离器冷却混合气体。当底层的氨液即将排完时关闭回液节流阀,开启供液节流阀。

(6) 停止排放不凝性气体时应先关闭放空气阀以防氨气逸出,然后再关闭供液节流阀及混合气体入口阀,回气阀平时不应关闭。

2. 氟利昂制冷系统

对于活塞式氟利昂制冷系统和其他小型制冷系统,通常不设置空气分离器。当系统的压力高于正常冷凝压力,且高压压力表指针摆动剧烈时,说明系统内有空气,一般直接从冷凝器、高压贮液器、排气管上的放空阀将空气等不凝性气体排放出。下面介绍氟利昂制冷系统的空气在停机后从压缩机排气阀的旁通孔放出的操作要求。

(1) 关闭冷凝器或高压贮液器的出液阀。

(2) 启动制冷压缩机将低压系统内的制冷剂和空气全部排入高压系统。冷凝器继续工作,使制冷剂冷凝成液体。

(3) 待低压系统压力降至真空时停止压缩机的工作。

(4) 静止30 min后将排气阀关闭半圈,拧松压缩机排气阀的旁通孔丝堵,使高压气体从旁通孔逸出。为了判断放出来的是否为空气,用手挡住放气口试验,感觉有凉气且有油迹时说明空气已排完,此时应立即拧紧丝堵,开足排气阀,停止放空气。

(5) 以上操作可连续进行2~3次,每次放空气时间不宜过长,以防止浪费制冷剂。如冷凝器或高压贮液器顶部装有备用截止阀,也可直接从该阀放出空气。

技能要求

排放不凝性气体(以氨系统为例)

一、操作准备

1. 确认相关阀门开闭状态

检查空气分离器各相关阀门的开、关状态,回气阀应为打开状态,其他阀应处于关闭状态。

2. 准备工器具

(1) 准备放空气橡胶皮管一根。

(2) 准备贮水容器一只,在贮水容器中装入适量的水,以备排放不凝性气体时用。

(3) 如果空气分离器的阀门不便于手动操作，准备合适的扳手。

二、操作步骤

步骤1　降压

打开回气阀，使盘管内与制冷压缩机吸气口相通。

步骤2　供液

微开供液节流阀，使氨液经节流阀降压后进入盘管内蒸发吸热，冷却混合气体。

步骤3　进气

打开混合气体入口阀，让冷凝器中的不凝性气体与氨的混合物进入空气分离器。其中混合气体中的氨气放出热量冷凝成液体下沉到空气分离器下部，不凝性气体集于上部。当混合气体中的氨气冷凝成氨液时，空气分离器底部就会结霜。

步骤4　放气

把橡胶皮管一端接在放空气阀接口，另一端插入贮水容器。微开放空气阀，将不凝性气体通过贮水容器排出。空气放完后，关闭放空气阀和节流阀。然后微开回液节流阀，使冷凝下来的氨液重复使用。

步骤5　恢复空气分离器原状

关闭回液节流阀、混合气体入口阀，关闭节流阀，恢复空气分离器原状。如果不凝性气体一次未放完，可按上述步骤反复进行。

步骤6　记录

把排放不凝性气体的时间、排放情况等如实填写在设备运行日志中。

三、注意事项

1. 节流阀不能开得太大，以防进入盘管内的氨液蒸发不完全使制冷压缩机产生湿压缩。开启大小可根据回气管结霜情况而定，一般控制在使回气管结霜1 m左右。

2. 放空气阀应开小一些，这样可以促使混合气体中氨气冷凝，提高空气分离器的分离效率，减少氨的损失，保护环境不受污染。

3. 放空气阀的开启程度可根据容器中的气泡情况加以调整。如放出的气泡呈圆形上升而无体积变化，水不浑浊，水温也不上升，则放出的是空气，说明放空气阀的开启大小适中。如放出的气泡体积变小甚至消失，并有氨气味逸出，水渐呈白色，水温升高，则说明排除的气体中含有氨气，空气已放完，应关闭放空气阀和节流阀。

第4节 融霜操作

 **学习目标**

➢ 了解结霜的危害
➢ 熟悉常用的融霜方式
➢ 掌握水融霜和制冷剂热蒸气融霜的操作方法
➢ 能进行水融霜和制冷剂热蒸气融霜的操作

 知识要求

一、结霜的危害

当制冷装置中蒸发器的外表面温度低于0℃时，该表面就会结霜。由于霜的导热系数很小，是金属导热系数的百分之一，甚至几百分之一，因而霜层就形成了较大的热阻，特别是霜层比较厚时，犹如在蒸发器表面加了一层厚厚的保温层，使蒸发器中的制冷量不容易散发出来，蒸发器周围的空气温度降不下来，制冷装置的制冷量下降，而功耗增加。同时，因为结霜的影响，蒸发器内的制冷剂蒸发不充分，不完全蒸发的制冷剂液体有可能被压缩机吸入而造成制冷压缩机的湿压缩。周围空气强制循环的蒸发器（如冷风机）多用肋片管，当外表面结有霜层时，不但使传热热阻增大，而且使空气流动阻力增加。因此，为了充分发挥蒸发器的效能，必须定期清除蒸发器表面的霜层。

二、常用融霜方式

除霜的办法有扫霜、水融（冲）霜、制冷剂热蒸气融霜（也称热气融霜）、制冷剂过热气体-水结合融霜、电加热融霜等。各种除霜方法有各自的特点，采取何种除霜方法，要视制冷装置的类型而定。

1. 水融霜

水融霜就是通过淋水装置向蒸发器表面淋水，使霜层被水流带来的热量融化。融霜水从排水管排出，它的效率比制冷剂热融霜高，操作也比较简单。融霜的水源可采用单独的融霜水泵和循环系统，也可以采用冷凝器排出的冷却水，这样既可节省水量，又利于冷却水的降温，比较经济合理。融霜的水温一般为25℃左右。采用水融霜方式，在冷库中还得多方面采取严格的措施防止水对冷库造成危害。

冷风机的盘管是带翅片的，且管间距离较小，霜层往往把冷风机的盘管统统包裹，形成整块霜层，这时采用热融霜，则速度较慢，所以冷风机一般都采用水融霜。采用水融霜的冷风机必须有严密的不透水的外壳，使融霜水不致溅入库内的盛水盘和畅通的排水管道。

2．制冷剂热蒸气融霜

（1）作用与原理

制冷剂热蒸气融霜也称热冲霜，就是把压缩机排出的高温、高压的制冷剂气体引入蒸发器内，由于过热蒸气温度高，进入结霜的蒸发器排管后，制冷剂气体的热量把蒸发器表面的霜层融化，达到除霜的目的。热冲霜的第二个作用是可以促进蒸发器排管放油。

制冷剂热蒸气融霜的特点是劳动强度低、融霜速度快、效率高，但系统复杂，特别是多库房的大型冷库，系统尤其复杂，操作也比较烦琐，而且库温的变化也比较大。制冷剂热蒸气融霜一般适用于光滑的排管，因为这类排管蒸发器管间的距离较大，稍一加热，霜层即可融化脱落。

（2）操作要求

制冷剂热蒸气融霜不宜在库内存货较多的情况下进行，因为这时货物的搬运和遮盖都比较困难，库房地面的清理也不方便，所以融霜应在库内无货或货物较少时进行。如果库内货物较多，应搬运或有计划地增大出库量，减少入库量。若库房较多，则应根据具体情况，制定出库房的融霜时间表，有计划地进行制冷剂热蒸气融霜，从而减小库房温度的波动，减少对食品质量的影响。

制冷剂热蒸气融霜不仅是一项操作比较复杂的工作，也是一项对操作安全要求非常严格的工作。各系统融霜的管路有所不同，操作方法也各有不同，但操作规范是都应共同遵守的。

1）融霜时过热蒸气进入蒸发器，使蒸发器内压力升高，但不能超过0.6 MPa。

2）融霜时排液桶的液面不能超过其容积的80%。达到80%时应停止融霜，将排液桶内液体排空后，再继续融霜。

3）融霜完毕，应首先降低蒸发器内的压力，使压力达到系统的蒸发压力时，再向蒸发器供液，恢复系统的正常运行。

（3）热氨融霜系统

融霜所用的热氨气必须保证有足够的热氨量以及适当的热氨压力和温度。一般用于融霜的热氨量不能大于制冷压缩机排气量的1/3,融霜热氨压力约为0.6～0.9 MPa,融霜用热氨应从氨油分离器的排气管接出。

热氨融霜一般仅用于冷库、冷藏间的光滑排管中,融化下来的霜和水必须立即清扫,否则将重新冻结成冰。

1)重力供液制冷系统的热氨融霜装置。图1—30所示为重力供液系统热氨融霜装置示意图。该装置的融霜原理是:在平时只有冷间供液阀6和冷间回气阀9打开,需要融霜时,关闭阀6和9,使蒸发器3和氨液分离器1切断。然后开启排液阀7、8及热氨融霜阀10、11,使热氨由顶部进入蒸发器,在热氨加压作用下,使蒸发器内的氨液经阀7、8排入排液桶5,借助热氨蒸气所带来的热量,使蒸发器表面的霜层融化。融霜结束后,按相反的程序关闭和开启阀门,使融过霜的蒸发器重新投入降温。融霜时应分冷间依次进行。

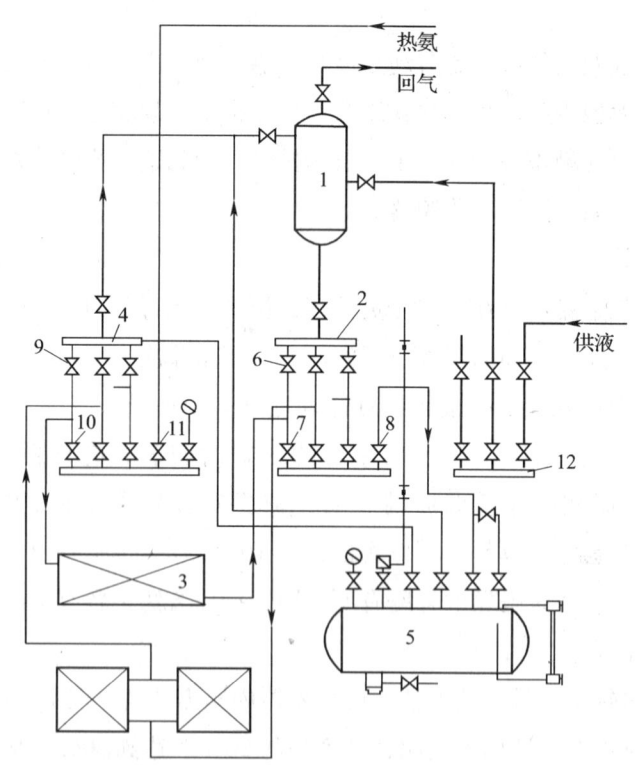

图1—30 重力供液系统热氨融霜装置示意图

1—氨液分离器 2—液体调节站 3—蒸发器 4—气体调节站 5—排液桶
6—冷间供液阀 7—冷间排液阀 8—总排液阀 9—冷间回气阀
10—冷间热氨融霜阀 11—总热氨融霜阀 12—总调节阀

2）氨泵供液制冷系统的热氨融霜装置。图1—31所示为设置专用排液管排液至低压循环贮液器的热氨融霜装置。融霜时关闭供液阀1和回气阀2，打开热氨阀3和排液阀4，使热氨气进入蒸发器，让氨液通过排液阀4进入排液调节站8，经专用排液总管及膨胀阀排入低压循环贮液器9。装在排液总管上的膨胀阀11可消除融霜压力对系统蒸发压力的影响。

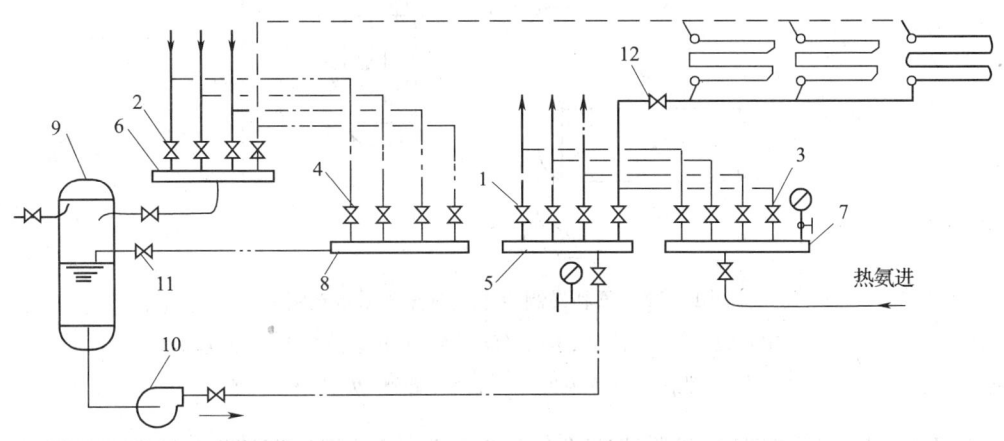

图1—31　设有专用排液管的热氨融霜装置示意图
1—供液阀　2—回气阀　3—热氨阀　4—排液阀　5—供液调节站　6—回气调节站
7—热氨调节站　8—排液调节站　9—低压循环贮液器
10—氨泵　11—膨胀阀　12—截止阀

这种融霜装置适用于冷风机台数比较多、融霜次数比较频繁且需要保持蒸发压力稳定的场合。

（4）氟利昂热氟融霜系统

氟利昂制冷系统的热氟融霜示意图如图1—32所示。该系统的工作原理是：在压缩机正常运转的情况下，如果蒸发器需要融霜，首先关闭供液电磁阀5，同时打开融霜电磁阀8，这时来自压缩机的高温、高压制冷剂气体经分油器2后，直接进入蒸发器7，向管外放热，融化霜；气态制冷剂则被冷凝成气液混合物流入气体分离器9，气体由压缩机吸走。压缩机回气管上装设的气体分离器，使融霜后的气液混合物减压并在气体分离器中汽化，可防止压缩机液击。融霜结束后，关闭电磁阀8，同时打开电磁阀5，系统恢复制冷运行。

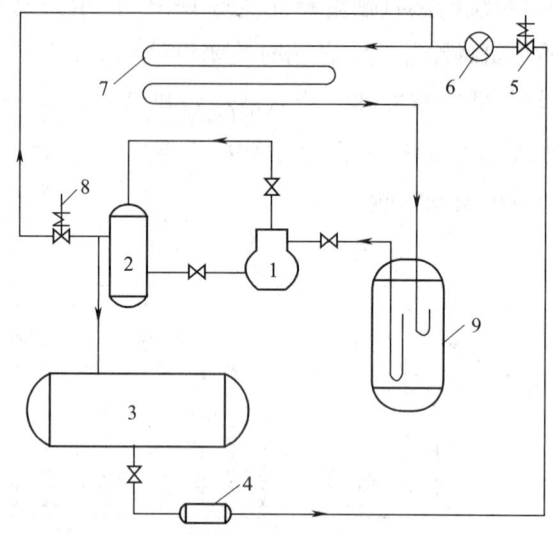

图 1—32　氟利昂制冷系统热氟融霜示意图

1—氟利昂制冷机　2—分油器　3—冷凝器　4—干燥过滤器　5—供液电磁阀
6—热力膨胀阀　7—蒸发器　8—融霜电磁阀　9—气体分离器

> **相关链接**
>
> 1. 扫霜
>
> 扫霜是用人工的方法把霜扫掉。其优点是操作简单、不增加设备的复杂性。其缺点是劳动强度大，除霜不均匀，也不彻底。只适用于较小的冷库或排管不多的地方。
>
> 在扫霜时，不可用硬物猛击蒸发器，以免造成蒸发器变形和损坏。为了使扫霜比较彻底，通常使冷库的温度升高一些，尽量使霜达到自然融化和半融化状态，这样扫霜比较方便，但对库温的影响大，对食品质量的影响也大，所以在进行人工扫霜时，应选择库内无货物或货物较少时进行。
>
> 2. 电加热融霜
>
> 电加热融霜就是用电加热器放出的热量使蒸发器表面的霜层融化。因为它是一套独立的电加热系统，所以不会增加制冷系统的复杂性，而且比较清洁，不会像水融霜那样，有可能使融霜水飞溅到库内。但它需要的电功率较大，所以一般极小的制冷系统才采用这种方法，如一些小的氟利昂冷库、一些商用的制冷设备。

3. 制冷剂过热气体－水结合融霜

水融霜只解决蒸发器外表面霜层对传热的不良影响，但没有解决蒸发器内部集油对传热的不良影响，因此对于冷风机的融霜，除了考虑水融霜以外，同时还应设置热气融霜系统，这种融霜称为热气－水结合融霜。它比单独用水或热气融霜的效果要好。融霜时先将热气通入蒸发器，使霜层与蒸发器管道表面脱开，然后喷水，很快可把霜层冲掉。停水后延时几分钟再停热气，避免蒸发器表面的水膜再次结冰而影响传热。

水融霜操作

以冷却物冷藏间水融霜为例，如图1—33所示。

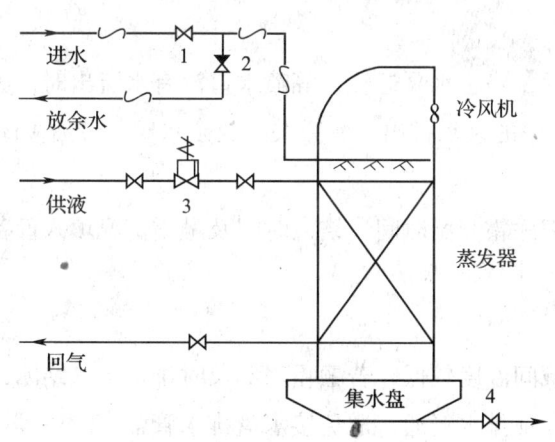

图1—33 冷却物冷藏间水融霜示意图
1—淋水阀 2—放余水阀 3—供液电磁阀ZCL-32YB 4—排水阀

一、操作准备

1. 确认融霜对象

检查蒸发器表面霜层的情况，根据霜层厚度或系统运行时间确认需要融霜的库房。

2. 停止供液

关闭蒸发器供液阀，延时几分钟后关闭回气阀，停止冷风机运转，停止系统制冷。

二、操作步骤

步骤1　打开阀门

打开排水阀4，打开淋水阀1。

步骤2　启动水泵

启动水泵，在水泵启动过程中，注意观察水泵出口有无水流出。如果无水流出，马上切断水泵电源，防止水泵无水空转，发生气蚀现象。检查无水的原因，排除故障，再通电启动水泵，直至水泵出口有水流出，正常运转。

步骤3　调整水量喷淋

缓慢调整淋水阀的开度，调节喷淋水流量。

步骤4　观察

在淋水过程中注意观察霜层的融化情况，以及排水是否畅通。

步骤5　停水

当霜层融化完后，停止水泵运转，等喷水口没有水流出时，关闭淋水阀。打开放余水阀2，把管道中的余水排出，然后关闭放余水阀。最后关闭排水阀。

步骤6　记录

水融霜完毕，把融霜开始时间、结束时间及融霜情况填入设备运行日志中。

三、注意事项

由于冷却物冷藏间温度较低，若融霜水不及时排走容易结冰，要认真观察蒸发器接水盘排水管，保证排水畅通，避免接水盘排水管堵塞。

制冷剂热蒸气融霜操作

以氨单级压缩制冷剂热蒸气融霜为例，如图1—34所示。双级压缩、多库房的制冷剂热蒸气融霜与此相近，只是系统中的阀门多一些，可参考此操作步骤完成。

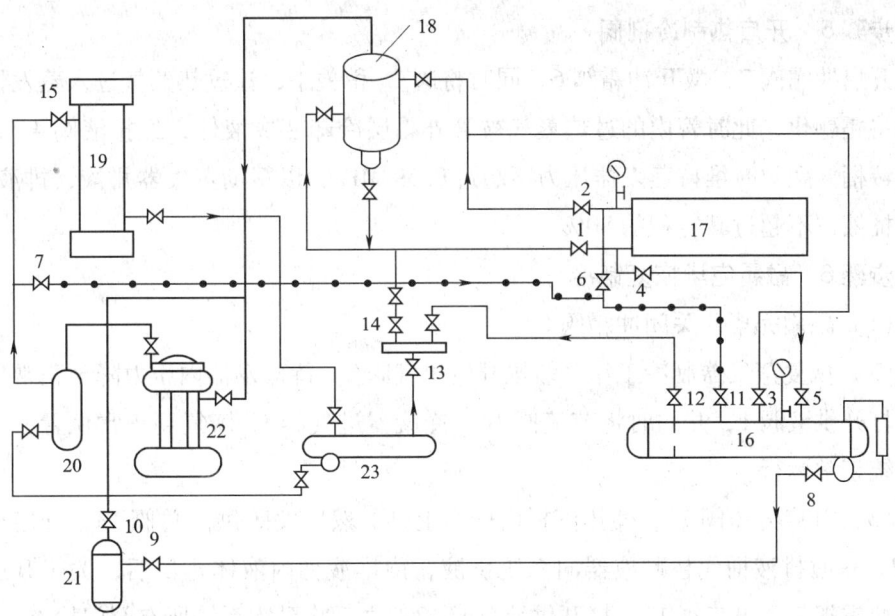

图1—34 氨单级压缩制冷剂热蒸气融霜示意图

1—供液阀 2—出气阀 3—降压阀 4,5—排液阀 6,7—冲霜阀 8—放油阀 9—进油阀
10—回气阀 11—升压阀 12—出液阀 13—供液总阀 14—节流阀 15—冷凝器进气阀
16—排液桶 17—蒸发器 18—氨液分离器 19—冷凝器 20—分油器
21—集油器 22—制冷压缩机 23—高压贮液器

一、操作准备

检查库房蒸发盘管表面霜层的厚度，根据霜层厚度确认需要融霜的库房。

二、操作步骤

步骤1 排液桶减压

关小节流阀14，减少氨液分离器供液量。打开降压阀3，降低排液桶内的压力，以便接受从蒸发器排出的液体。降压后，关闭降压阀3。

步骤2 关闭供液阀与回气阀

关闭供液阀1，停止蒸发器的工作，抽回一部分氨至高压贮液器，以防排液桶装满，稍后关闭回气阀2。

步骤3 开启排液桶阀门

打开排液阀5。

步骤4 开启排液阀

打开排液阀4，让蒸发器内的液体工作介质流向排液桶。

步骤 5　开启热制冷剂阀

开启冲霜阀 7，微开冲霜阀 6，同时将阀 15 稍关小，让过热蒸气进入蒸发器各排管将霜融化，此时管内的过热蒸气被管外霜层冷却变成液体，经排液阀 4、5 流入排液桶。融霜时维持蒸发器压力不超过 0.59 MPa，以帮助蒸发器排液，排液时，排液桶液位不超过其容积的 80%。

步骤 6　融霜完毕恢复制冷

（1）融霜完毕，关闭冲霜阀 6。

（2）恢复蒸发器制冷工作，缓慢开启出气阀 2，待蒸发器内压力降至正常压力时，打开供液阀 1，并同时将节流阀 14、冷凝器进气阀 15 恢复到正常位置，使制冷系统正常运行。

（3）开启升压阀 11，使排液桶内压力上升。然后关闭供液总阀 13，开启出液阀 12，这时排液桶代替贮液器向系统供液，待排液桶内液体排尽后，关闭升压阀 11、冲霜阀 7 及出液阀 12，打开供液总阀 13。之后将融霜系统所有阀门检查一遍，恢复正常状态。至此制冷剂热蒸气融霜操作完毕。

步骤 7　记录

把融霜操作开始时间、结束时间和融霜情况填入设备运行日志中。

三、注意事项

制冷剂热蒸气融霜操作比较复杂，操作中要认真、细心，注意各阀门之间的相互关系。为了缩短热蒸气融霜时间，在冲霜时可配合人工扫霜。为了使生产不受损失，融霜之前，应停止生产，妥善保存被冷货物。

第 5 节　调整运行参数

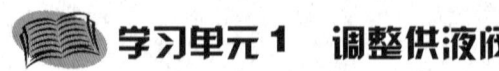

学习单元 1　调整供液阀

学习目标

➢ 熟悉供液量与制冷效果的关系
➢ 熟悉调节站的作用,掌握其调节方法
➢ 能根据供液量或用冷要求调整供液阀

知识要求

一、供液量与制冷效果的关系

1. 供液量不足

在氟利昂制冷系统中,供液量不足时,蒸发器有效面积得不到充分利用,会造成蒸发温度和蒸发压力升高,从而使排气温度和排气压力升高,制冷效果下降;在氨制冷系统中,供液量不足时,不能保障每组蒸发器的均匀供液,制冷系统无法正常制冷。

引起供液量不足的原因有:节流阀开启过小或阀孔堵塞,供液管路堵塞,浮球阀失灵,氨泵循环量不够,重力供液中气液分离器高度不够,以及制冷系统中制冷剂量不足等。排除的方法是适当调整系统供液量、检修有关机构或添加制冷剂。

2. 供液量过多

在氟利昂系统中,供液量过多时,制冷剂不能完全蒸发,会造成压缩机发生湿冲程;在氨制冷系统中,供液量过多会造成氨液分离器或低压循环贮液器内液位升高,会使氨液进入回气管,同样会使压缩机发生湿冲程。

二、调节站的作用与调节方法

1. 调节站的作用

(1) 总调节站

在蒸发系统或冷分配设备较多的制冷系统,常把能控制制冷系统供液的阀门集中起来,再配备一些显示仪表组成总调节站,如图 1—35 所示。整个调节站分进液端和出液端,节流阀在出液端,数量随蒸发系统及用冷设备的多少而定。为了维修方便,节流阀的前后均设有截止阀,如图 1—35a 所示;为了减少阀门,也可取消节流阀前的截止阀,如图 1—35b 所示。

(2) 分调节站

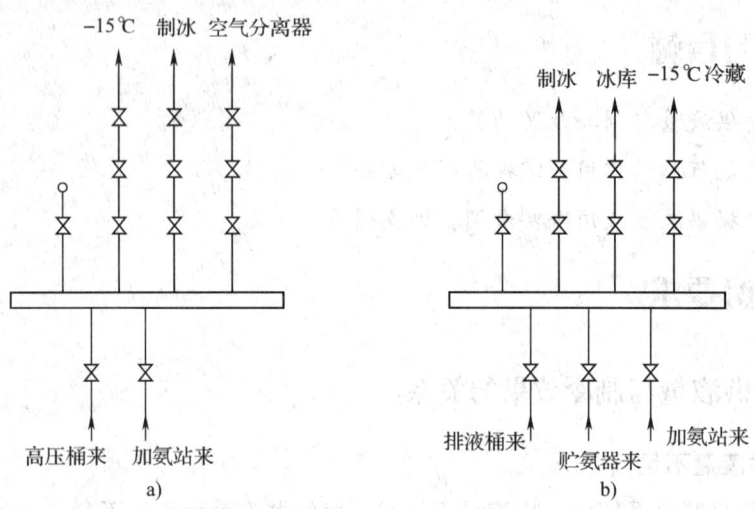

图1—35 单级压缩系统总调节站示例

在重力供液系统中，利用一个氨液分离器同时向蒸发温度相同的几个冷间供液时，由于各冷间冷分配设备的阻力不同，加之对供液的要求不同，有的需要供液，有的不需要供液，为了调节供液量，还设有液体分调节站和气体分调节站。根据系统中有无热氨融霜，又分为带热氨融霜装置和不带热氨融霜装置两种。图1—36所示是重力供液系统的两种分调节站形式，其中，图1—36b所示是目前常用的形式。正常工作时，图1—36b所示图中分调节站下面两排截止阀中靠下面的一排关闭，上面一排开启；融霜操作时，上面的截止阀关闭，下面的开启。

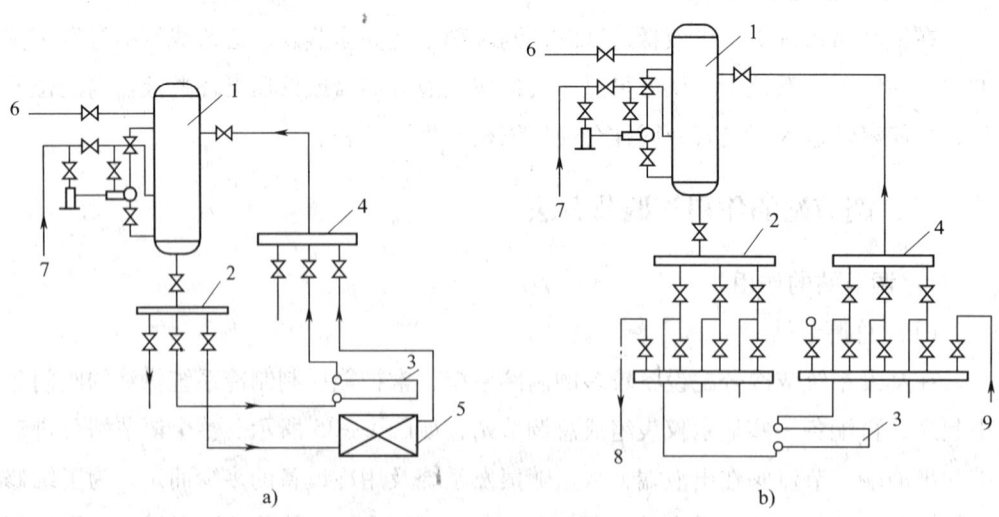

图1—36 重力供液系统分调节站示例

1—氨液分离器 2，4—液、气体分调节站 3，5—顶、墙排管
6—回气 7—供液 8—排液 9—热氨

与重力供液系统相仿,当一台氨泵向多组冷分配设备供液时,也应设有分调节站。它与重力供液的不同之处在于:为满足阻力最大的冷分配设备供液,氨泵的压头较大,这对于蒸发温度要求较低或阻力较小的冷分配设备,常会引起蒸发温度上升的现象,所以应设调节站,用于调压和控制液量;有的调节站上接有高压液体管,以便氨泵故障时仍能运行。分调节站形式如图1—37所示。

总之,调节站的作用有:实现多路供液,控制库房的工作状态(制冷、融霜、停止),改变工作介质的流动方向,调压和控制工作介质的流量。

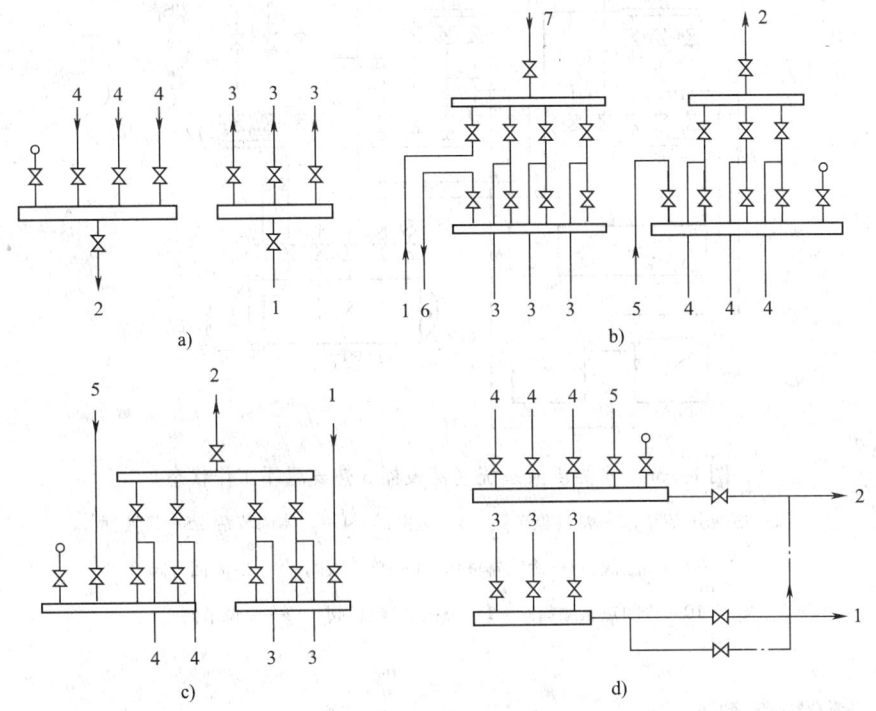

图1—37 氨泵供液系统分调节站示例
a)不带热氨融霜 b)带热氨融霜及排液桶
c)、d)带热氨融霜不带排液桶
1—泵供液 2—往低压循环贮液器 3、4—供液、回气
5—热氨蒸气接自油分离器 6—往排液桶 7—贮液器供液

2. 调节站的调节方法

调节站的调节作用是根据库房的实际工作需要,改变阀门的开、关状态,从而实现不同的工作需要。如图1—30所示,冷间供液阀6和冷间回气阀9关闭,总排液阀8、冷间排液阀7、总热氨融霜阀11、冷间热氨融霜阀10打开,蒸发器3处于热氨融霜工作状态。如图1—38所示,冷间供液阀6和冷间回气阀9打开,蒸发器3处于制冷工作状态。

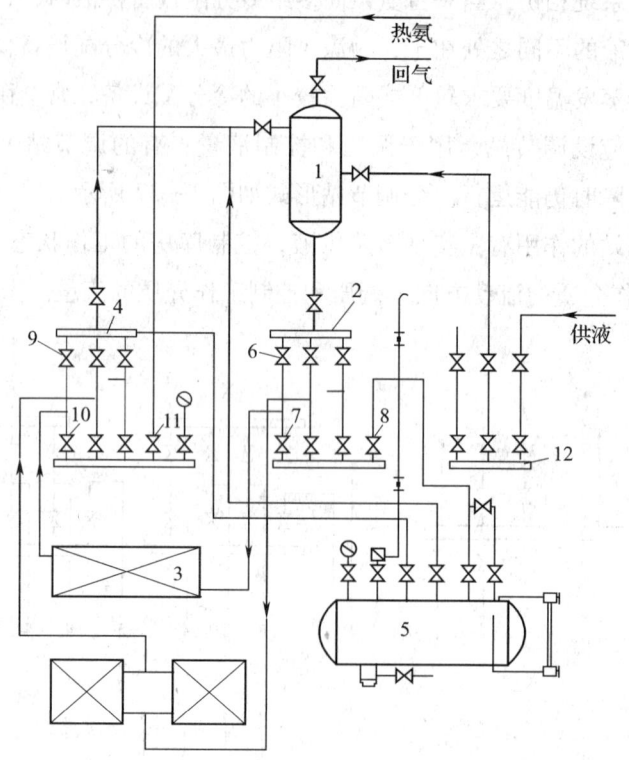

图 1—38 重力供液系统（蒸发器 3 热氨融霜工作状态）
1—氨液分离器　2—液体调节站　3—蒸发器　4—气体调节站　5—排液桶
6—冷间供液阀　7—冷间排液阀　8—总排液阀　9—冷间回气阀
10—冷间热氨融霜阀　11—总热氨融霜阀　12—总调节阀

 技能要求

调整供液阀

一、操作准备

1. 确认负荷与生产需求

查看冷间的温度计读数，和冷间要求的温度数值进行对比，确定调节阀的调节方向（开大或关小）。

2. 确认调节站相关回路

查看冷间相对应的供液管道，在调节站找到每个冷间相对应的节流阀。

二、操作步骤

步骤1　查看日志

查看设备运行日志，了解每个冷间的工作状态和相应的工作参数数值。

步骤2　巡视系统与结霜情况

巡视制冷系统，查看每个冷间盘管的结霜情况，根据冷间负荷要求和结霜情况决定需要调节供液量的冷间。

步骤3　调节或开关相关回路供液阀

开大或关小冷间相应的节流阀，改变工作介质的流量，直到满足负荷要求为止。当冷间温度达到规定值时，关闭其相应的供液阀。

步骤4　调节供液总阀

根据分供液阀的开关情况，开大或关小总供液阀，满足系统负荷要求。

步骤5　记录

把冷间供液阀、总供液阀的调整情况记录在设备运行日志中。

三、注意事项

开大或关小供液阀对供液量进行调整时，动作要缓慢，微调阀门，每调整一次要使制冷系统稳定运行一段时间，并认真观察冷间的温度变化，然后再微调阀门，再观察，这是一个渐进的过程。

 **学习单元2　调控载冷剂流量及液面**

 **学习目标**

➤熟悉载冷剂回路组成，掌握其工作原理

➤能调节载冷剂流量及液面

一、载冷剂回路组成与工作原理

1. 载冷剂回路组成

在空调用制冷系统中,除直接蒸发式制冷装置外,常以水作为载冷剂传递和输送冷量,称为冷媒水,简称冷水。

冷媒水循环系统可根据管路系统中循环的水是否与空气直接接触,分为闭式系统和开式系统。

(1) 闭式系统

闭式系统即密闭式管路水循环系统的简称,如图1—39所示。该系统中的水是封闭在管路中循环流动的,不与大气接触,无论水泵是否运行,管道中都充满了水。为此,闭式系统通常在系统的最高点以上设有开式膨胀水箱,或在循环水泵入口接膨胀水罐定压,一方面能使整个系统中保持充满水的状态,并保持系统的压力,另一方面能使系统中的水在温度变化时有体积膨胀的余地。

(2) 开式系统

开式系统即开放式管路水循环系统的简称,通常为用喷水室处理空气的空调系统或设置蓄冷水池的空调系统,如图1—40所示。该系统不是封闭的,有喷水室或蓄冷水池与空(大)气相通,水在系统中循环流动时,要与被处理的空气或大气接触,并会引起水量变化。

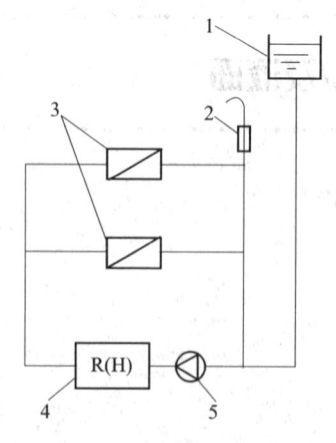

图1—39 闭式系统

1—膨胀水箱 2—自动排气阀 3—空调设备
4—冷(热)源 5—水泵

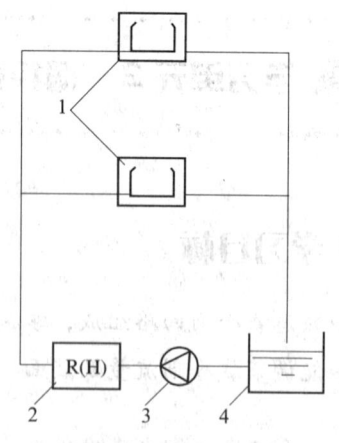

图1—40 开式系统

1—喷水室 2—冷(热)源
3—水泵 4—回水池

2. 载冷剂回路工作原理

冷媒水（载冷剂）在制冷机的蒸发器中与制冷剂进行热量交换，向制冷剂放出热量后温度降低，通过水泵和管道输送至各种空气调节处理装置中与被处理的空气进行热量交换，热量交换后的冷媒水回水，又经泵和管道回到制冷机的蒸发器中，如此循环构成冷媒水系统，如图1—41所示。

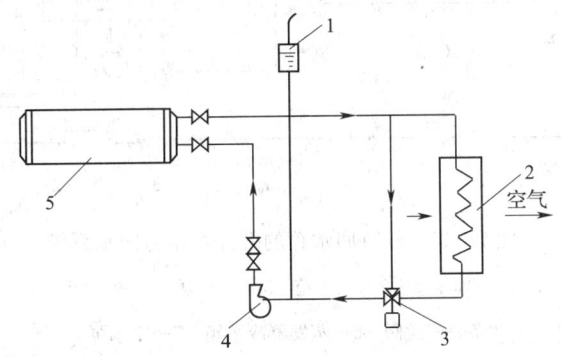

图1—41 闭式压力回水系统

1—膨胀水箱 2—水冷式表面冷却器 3—三通阀 4—冷水泵 5—卧式壳管式蒸发器

二、载冷剂调节

1. 流量调节

如图1—42所示为直立管式（或螺旋管式）蒸发器配用空调喷水室的开式压力回水系统。由于喷水室1底池要保持一定的水位，不能直接抽取底池回水，故要设置回水箱2（几个空调系统可共用一个回水箱）。空调喷水室1底池的水自流到回水箱2中，再由回水泵3送到冷冻站，返回直立管式（或螺旋管式）蒸发器冷水箱6中，温度降低后，由冷水泵7送入喷水室1中喷淋。回水箱2的位置一般靠近喷水室，大多设在空调机房内。

冷媒水（载冷剂）流量的调节是通过三通阀5实现的，当喷水室需要的冷量降低时，打开三通阀的旁通管路，使喷水室底池的一部分水经三通阀旁通管路到达喷水泵4的入口，从而提高喷水的温度，使冷水提供的冷量与喷水室的负荷匹配。当喷水室需要的冷量大时，三通阀的旁通管路关闭，喷水室的水全部来自蒸发器冷水箱。

2. 液面调节

如图1—42所示，在回水箱中设有水位自动调节装置。当回水箱水位低于某一位置时，回水泵3自动停止运行。回水箱2设有溢流管，以保证水不致太满而溢出回水箱，它的高度应低于喷水室1底池的溢流口，同时要保证蒸发器冷水箱6高低水位之间的容积与回水箱高低水位之间的容积相等。

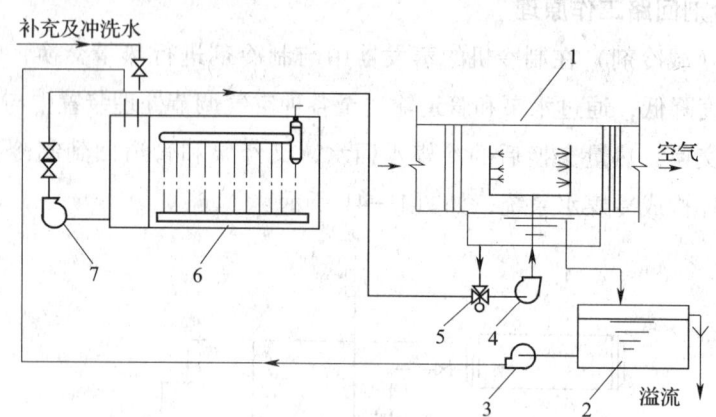

图1—42 具有回水箱的敞开式压力回水系统
1—喷水室 2—回水箱 3—回水泵 4—喷水泵
5—三通阀 6—蒸发器冷水箱 7—冷水泵

 技能要求

调节载冷剂流量及液面

一、操作准备

根据喷水室（或水冷式表面冷却器、风机盘管）的负荷和生产需求，确认冷媒水（载冷剂）的调节需要（开大或关小）。

二、操作步骤

步骤1　观察载冷剂泵出口压力

观察载冷剂泵出口压力的变化，压力降低说明载冷剂流量不足或者载冷剂系统内有空气存在。

步骤2　观察液面与温度

观察载冷剂液面和温度的变化。载冷剂温度升高说明系统负荷大，反之，系统负荷小；载冷剂液面降低说明系统失水过多，需打开补充载冷剂的阀门，补充载冷剂。

步骤3　调节回路控制阀门

根据系统负荷大小的变化，调节回路控制阀门。若系统负荷大，适当开大阀门，增加载冷剂流量；若系统负荷小，适当关小阀门，减少载冷剂流量。每次改变阀门的开启程度后，让系统稳定运行几分钟，观察系统参数的变化，直到载冷剂提供的冷量与系统的负荷匹配为止。

步骤4　记录

把系统负荷的变化情况、阀门的调节情况等记录在设备运行日志中。

三、注意事项

在调节载冷剂流量及液面的过程中，密切注意载冷剂温度的变化。当载冷剂流量较小，制冷机组制冷量不变时，有可能使载冷剂温度下降到制冷系统设定的最低保护温度值，引起制冷机组停机。

思 考 题

1. 制冷压缩机在运行前应做好哪些准备工作？
2. 单级氨制冷压缩机的开机操作程序是什么？
3. 双级压缩机如何进行开机操作？
4. 单机双级压缩机如何进行开机操作？
5. 氨制冷压缩机的正常运行标志有哪些？
6. 氟利昂制冷压缩机的正常运行标志有哪些？
7. 如何进行集油器的放油操作？
8. 如何利用大气压力对制冷压缩机进行加油操作？
9. 叙述重力供液系统热蒸气融霜的操作步骤。
10. 叙述调节站的作用。
11. 制冷系统中含不凝性气体有什么危害？如何排除系统中的不凝性气体？
12. 叙述载冷剂回路的工作原理。

第 2 章
处理制冷系统故障

第 1 节 处理制冷压缩机故障

学习单元 1 排除制冷压缩机曲轴箱压力过高故障

**学习目标**

➢ 熟悉制冷压缩机曲轴箱压力过高的主要原因
➢ 掌握排除曲轴箱压力过高的方法
➢ 掌握制冷压缩机均压要求
➢ 能排除制冷压缩机曲轴箱压力过高故障

**知识要求**

一、制冷压缩机曲轴箱压力过高的主要原因

1. 活塞环密封不严,或活塞环与气缸壁之间的间隙过大,造成泄漏。
2. 吸气阀关闭不严或者阀片断裂。

3. 气缸套与机座密封不好。
4. 液体制冷剂进入曲轴箱，造成外壁结霜及压力变化。

二、排除曲轴箱压力过高的方法

1. 如果活塞环密封不严，则应检查修理或更换活塞环。
2. 如果阀片关闭不严，则应研磨阀片，或更换阀片、阀片弹簧。
3. 若气缸套与机座密封不好，则应更换纸垫，并注意调整间隙。
4. 如果曲轴箱内进入过多的氨液，蒸发后导致压力升高，只要将曲轴箱内过多的氨液抽空即可。

三、制冷压缩机均压要求

制冷压缩机均压是指两台以上压缩机共用一个冷凝器时，在制冷压缩机之间设置均压管和均油管。氟利昂制冷系统中，为保证供液均匀、回气均匀、回油均匀，有时也设置均压管和均油管。

均压管的作用是使多台制冷压缩机的曲轴箱保持同一压力。均油管的作用是使多台制冷压缩机的油面在同一水平面上，如图2—1所示。

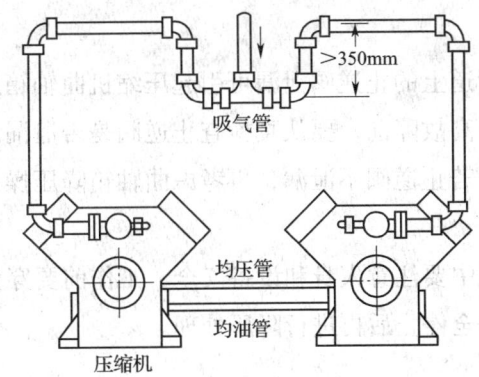

图2—1 两台制冷压缩机的均压

技能要求

排除曲轴箱压力过高故障

一、操作准备

1. 查看记录

查看设备运行记录，确定曲轴箱的正常压力及压力的变化情况。

2. 确认曲轴箱压力

查看曲轴箱压力是否超过 0.2 MPa（表压），如果超过，则采取降压措施。若经常发生这种情况，还应查明原因，并排除故障。

二、操作步骤

步骤1　查看系统低压侧压力

查看制冷压缩机曲轴箱压力是否超过 0.2 MPa，如果超过，则需降压。

步骤2　降压

关闭制冷压缩机吸气截止阀，启动制冷压缩机，并缓慢加载，随着制冷压缩机的运行，曲轴箱压力逐渐降低。

步骤3　记录

曲轴箱压力过高故障排除后，检修负责人或主要承担人要填写检修记录表，按表中规定的项目认真填写后交相关负责人保管，为以后的设备检修提供依据。

三、注意事项

1. 止逆阀检查

制冷压缩机排气管道上的止逆阀泄漏可引起压缩机曲轴箱压力升高，在排除制冷压缩机曲轴箱压力升高故障前，要认真检查止逆阀是否泄漏。若止逆阀泄漏，需首先把止逆阀维修好；若止逆阀不泄漏，再考虑曲轴箱降压操作。

2. 安全

在检测和修理过程中要注意人身和设备安全，工作前要穿戴好劳动保护用品和工作服，在设备运转完全停止后再进行降压处理。

学习单元2　排除阀杆泄漏故障

学习目标

➢ 熟悉阀门密封的结构，掌握阀门密封结构的作用
➢ 掌握压紧阀门压盖的操作方法

➤能排除阀杆泄漏故障

知识要求

制冷系统所采用的阀门一般为中压阀。阀门随系统工作介质的不同可分为氨阀和氟阀。氨阀使用的材料一般为铸钢或铸铁，而氟阀则采用铸铜或铸钢，阀杆处用填料和阀帽双层密封。

一、阀门密封的结构

下面以截止阀为例说明阀门的密封结构。如图2—2所示为截止阀的结构，它实质上是一个三通阀。在阀体的螺孔内旋有一阀杆，转动阀杆下方的榫，整个阀杆就会向上或向下移动，以控制各个通道的开闭。

阀杆与阀体间靠填料密封。填料材料各厂不同，有的采用耐油橡胶圈，有的采用聚四氟乙烯。通常填料螺钉旋紧后，要转动阀杆很费劲，为此可先将填料螺钉松半圈或一圈，使转动阀杆省力些，待阀杆转动一定角度，调整好后，再将填料螺钉旋紧，最后将带有垫圈的帽盖旋到阀体上并扳紧。

二、阀门密封的作用

阀门密封结构的主要作用是防止工作介质泄漏。阀杆泄漏是制冷系统的常见现象之一。由于密封填料不足，使用时间过长，硬化而失去弹性，或因填料选择不当，与工作介质的温度、压力及化学性质不适，都可造成阀杆泄漏。阀杆密封处有轻微泄漏时，可旋紧填料螺钉来处理，但应注意不能旋得太紧，以不漏为原则，否则影响阀杆的旋动。若泄漏严重，可更换填料。

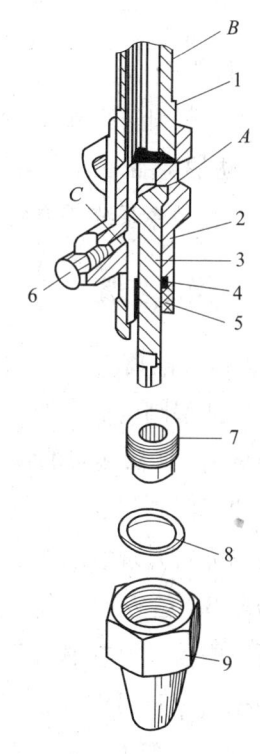

图2—2　截止阀的结构

1—接头　2—阀体　3—阀杆

4，8—垫圈　5—密封填料

6—螺塞　7—填料螺钉　9—帽盖

 技能要求

阀杆泄漏故障排除

一、操作准备

1. 工器具

根据泄漏阀门的规格型号准备相应的棘轮扳手。若是氨制冷系统需准备一台风扇。

2. 材料

根据泄漏阀门的填料种类和密封橡胶圈的尺寸要求准备新的填料或密封橡胶圈。

3. 防护用品

若是氨制冷系统需准备相应的防护用品。

二、操作步骤

步骤1 隔离

关闭泄漏阀门前后的截止阀,切断泄漏阀门与系统的联系。

步骤2 排除残留的制冷剂

旋松泄漏阀门的连接法兰,排除残留在阀门及附近管道内的制冷剂。若是氨制冷系统需先打开现场准备的排风扇,保持空气流通,确保人员和环境安全。

步骤3 检查

拆下帽盖,检查填料及填料函,若填料不足或硬化而失去弹性,则需更换新的填料或密封橡胶圈。

步骤4 清理

开足阀杆,用填料拨针把旧填料或密封橡胶圈拨出,清理干净。

步骤5 更换

将准备好的新填料或密封橡胶圈放入。

步骤6 旋紧压盖

将填料螺钉旋紧,最后将带有垫圈的帽盖旋到阀体上并拧紧。

步骤7 记录

将更换填料或密封橡胶圈的时间、维修情况、参加的维修人员等记录在维修记录单上,最后确认并签字。

三、注意事项

若是高压阀门，在旋松法兰排除残留的制冷剂时应缓慢操作，操作人员的面部不要对着阀的封隙处，以防余氨中毒，待余氨排尽后方可进行修理。

 相关链接

阀门的安全操作：

1. 向容器内充灌制冷剂时，阀门开启操作应缓慢。阀门开启过快会使设备潜在的原有的微型缺陷没有足够的时间产生滑移，应变速率在缺陷根部区域增大，从而降低了材料的断裂韧度，容易引起脆性破坏。所以，缓慢打开阀门向容器内缓慢加载有利于保证容器的安全。

2. 开启回气阀时，也应缓慢打开，并注意听制冷剂的流动声音。禁止突然猛开，以防干度过小的湿蒸气冲入压缩机内引起事故。

3. 开启阀门时，不应过分用力。开足后应将手轮回转1/8圈左右，以防止阀芯被阀体卡住。

4. 关闭阀门时不可用力过大。有人认为，用力越大，关得越紧，阀门关闭越严密，这种认识是不正确的。阀门的密封线只要干净，用手关闭阀门后，再用扳手轻轻用劲即可关严。实践证明，阀门操作适当，可使用10年不内漏。若操作时用力过大，或者用工具规格过大，一年后就会把阀芯上的合金压成深凹坑，导致阀门关闭不严。

5. 有液态制冷剂的管道和设备，严禁将两端阀门同时关闭，以防在满液情况下液体吸热膨胀而引起设备或管道爆炸（通常称为液爆）。液爆时大都在阀门处崩裂，制冷系统中可能会发生液爆的部位有：冷凝器与高压贮液器间的液体管道、高压贮液器至膨胀阀之间的管道、液体分配站、气液分离器出口阀至蒸发器间的管路、低压循环贮液器出口阀至氨泵吸入端的管路、氨泵供液管路、容器至紧急泄氨器之间的液体管路，以及所有可能造成液封的管路。

6. 为避免误操作阀门而发生事故，压缩机至冷凝器总管上的各阀门应处于开启状态，并加以铅封。各种备用阀、充注阀、排污阀等平时应关闭，并加铅封或拆除手轮。对连通大气的管接头应加闷盖。所有阀门的手轮上均可挂上启、闭牌，注明控制标志及流体流向箭头。

第2节 处理电气系统故障

 学习单元1 分析电源故障

 学习目标

➢熟悉熔断器的作用，掌握熔断器的选用
➢能更换熔断器

 知识要求

一、熔断器的作用

熔断器在电路中主要作为短路保护元件。当电路发生故障或异常时，伴随着电流不断升高，并且升高的电流有可能损坏电路中的某些重要器件或贵重器件，也有可能烧毁电路甚至造成火灾。若电路中正确地安置了熔断器，那么，熔断器就会在电流异常升高到一定程度时，自身熔断切断电流，从而起到保护电路安全运行的作用。此外，在检修设备时将熔断器拔掉，可起到使电源和电路隔离的作用，以保护操作安全。

二、熔断器的种类

常用熔断器的种类很多，按电压等级可分为高压熔断器和低压熔断器，按有无填料可分为有填料式和无填料式，按结构分有螺旋式、插入式、管式、半封闭式和封闭式等，按使用环境可分为户内式和户外式，按熔体的更换情况可分易拆换式和不易拆换式等。

1. 低压熔断器

低压熔断器的型号含义是：R——"熔"断器，M——"密"封式，L——

"螺"旋式，S——快"速"，T——"填"料式，0——设计序号，C——"插"入式。低压熔断器的类型有瓷插式（RC型）、螺旋式（RL型、RLS型）、密封式（RM型）、填料式（RT0型、RS0型）。

一般常用的熔断器是瓷插式和螺旋式。它们的结构简单，更换熔丝方便，广泛应用于照明、电热电路及小容量电动机电路中。RC1A型瓷插式熔断器由瓷底座、瓷盖、熔体和触头组成，其结构如图2—3所示。RL1型螺旋式熔断器的结构如图2—4所示。

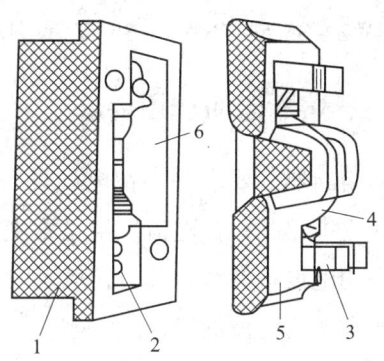

图2—3 RC1A型瓷插式熔断器结构
1—瓷底座 2—静触座 3—动触头
4—熔体 5—瓷盖 6—石棉

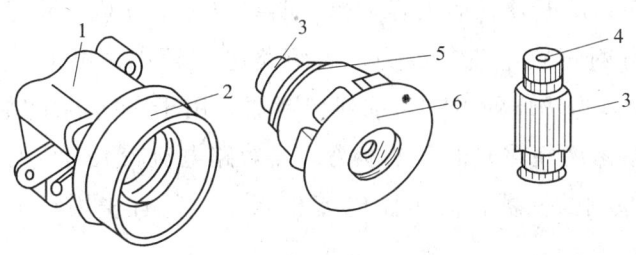

图2—4 RL1型螺旋式熔断器结构
1—瓷底座 2—瓷套 3—熔芯 4—熔断指示器色点 5—金属管 6—瓷螺母

RM系列密封式熔断器用于交流500 V及直流440 V以下的电力电网或成套配电装置中做短路和连接过载保护。RC系列插入式熔断器主要用于交流低压电路末端，作为电气设备的短路保护。RL系列螺旋式熔断器可作为电路中过载保护和短路保护的元件。RLS系列螺旋式快速熔断器可用做硅整流元件，或晶闸管整流元件和由该元件组成的成套装置的内部短路保护和过载保护。RT0系列有填料密封式熔断器，广泛用于供电线路及断流能力较高的场所。RS0系列快速熔断器主要作为硅整流器、晶闸管及其成套装置的适中保护。

2．高压熔断器

高压熔断器的型号含义为：R——"熔"断器，W——户"外"式，N——户"内"式；字母后边的2、4等代表设计序号；最后边的6、10、35、110代表额定电压（kV）。

户外式高压熔断器的类型有RW2-35型（角型）、RW9-35型、RW5-35

型、RW6-110型，后两种均为跌落式。户内式有RN2、RN1型，均为封闭填料式。RW2-35型、RW9-35型角型熔断器是用来保护电压互感器的。

三、熔断器的选用要求

对熔断器的要求是：在电气设备正常运行时，熔断器不应熔断；在出现短路时，应立即熔断；在电流发生正常变动（如电动机启动过程）时，熔断器不应熔断；在用电设备持续过载时，应延时熔断。对熔断器的选用主要包括类型选择及额定电压和额定电流的确定。

1. 类型的选择

熔断器的类型主要依据负载的保护特性和短路电流的大小选择。例如，用于保护照明和电动机的熔断器，一般是考虑它们的过载保护，这时，希望熔断器的熔化系数适当小些。所以容量较小的照明线路和电动机宜采用熔体为铅锌合金的RC1A系列熔断器，而大容量的照明线路和电动机，除过载保护外，还应考虑短路时分断短路电流的能力。若短路电流较小，可采用熔体为锡质的RC1A系列或熔体为锌质的RM10系列熔断器。用于车间低压供电线路保护的熔断器，一般是考虑短路时的分断能力。当短路电流较大时，宜采用具有高分断能力的RL1系列熔断器，当短路电流相当大时，宜采用有限流作用的RT0系列熔断器。

2. 额定电压和额定电流的确定

熔断器的额定电压要大于或等于电路的额定电压。熔断器的额定电流要依据负载情况选择。

（1）电阻性负载或照明电路，这类负载启动过程很短，运行电流较平稳，一般按负载额定电流的1~1.1倍选用熔体的额定电流，从而选定熔断器的额定电流。

（2）电动机等感性负载，这类负载的启动电流为额定电流的4~7倍，一般选择熔体的额定电流为电动机额定电流的1.5~2.5倍。这样一来，熔断器难以起到过载保护作用，而只能用于短路保护，过载保护应用热继电器才行。

对于多台电动机，要求熔体额定电流≥（1.5~2.5）×容量最大一台电动机的额定电流+其余各台电动机的额定电流之和。

（3）为防止发生越级熔断，上、下级（供电干、支线）熔断器间应有良好的协调配合，为此，应使上一级（供电干线）熔断器的熔体额定电流比下一级（供电支线）大1~2个级差。

技能要求

更换熔断器（以 RC 瓷插式熔断器为例）

一、操作准备

1. 准备熔断器

根据现场损坏的熔断器或熔体的规格、型号准备相同规格、型号的熔断器或熔体。

2. 准备工具

根据熔断器的类型准备相应的工具，如瓷插式熔断器更换熔体时需要准备合适的旋具。

二、操作步骤

步骤 1　检查

检查熔断器的损坏情况，若熔体熔断，则要更换熔体，若瓷盖破裂，则要更换熔断器。

步骤 2　切断电源

拉开刀开关，切断电源。

步骤 3　对比选择

仔细对比准备的熔体或熔断器的规格、型号与损坏的熔体或熔断器的规格、型号，保证它们一致，选择符合要求的熔体或熔断器。

步骤 4　更换

若更换熔体，首先把熔断器的瓷盖拔下，而后拆下熔断器的旧熔体，换上新的熔体，最后把装好熔体的瓷盖动触头插入底座的静触座。若更换熔断器，首先把损坏的熔断器的瓷盖拔下，而后把瓷底座拆下，并把新的熔断器的瓷底座固定到合适的位置，把进、出导线连接好，最后把装好熔体的瓷盖动触头插入底座的静触座。

步骤 5　记录

把更换熔体或熔断器的时间、规格、型号等记录在设备运行日志中。

三、注意事项

1. 在更换熔体时，不要把熔体拉得太紧，以免局部截面收缩，降低其使用寿命。

2. 更换过程中要注意人身和设备安全，工作前要穿戴好劳动保护用品和工作服，操作要规范。

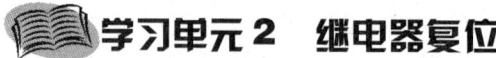

学习单元2　继电器复位

 学习目标

➢熟悉热继电器的结构，掌握其工作原理和复位方法
➢能进行热继电器复位操作

 知识要求

一、热继电器的工作原理

热继电器是一种电气保护元件。热继电器有多种形式，其中常用的有双金属片式（利用双金属片受热弯曲推动杠杆使触头动作）、热敏电阻式（利用电阻值随温度变化而变化的特性制成的热继电器）、易熔合金式（利用过载电流发热使易熔合金达到某一温度，合金熔化而使继电器动作）。

双金属片式热继电器的外形图和工作原理图如图2—5所示。图中三个发热元件放在三个双金属片周围。双金属片是用两种线膨胀系数不同的金属片，通过机械碾压在一起制成的，上端固定，下端为自由端，左边一层线膨胀系数小，右边一层线膨胀系数大。热元件串接在电动机定子绕组中，电动机绕组电流即为流过热元件的电流。当电动机正常运行时，热元件产生的热量虽能使双金属片弯曲，但不足以使继电器动作；当电动机过载时，热元件产生的热量增大，使双金属片弯曲，位移量增大，经过一段时间后，双金属片向左弯曲推动导板，带动杠杆压迫弹簧片变形，使动触点与静触点分开，而与螺钉（静触点）构成一对动合触点。将动断触点串接于控制电动机的交流接触器线圈回路，当电动机过载时，热继电器触点断开，交流接触器线圈失电，接触器的主触点断开，切断电动机电源，从而保护电动机。

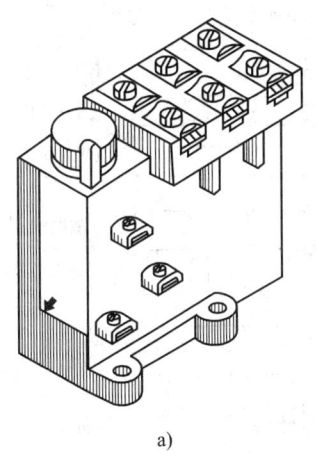 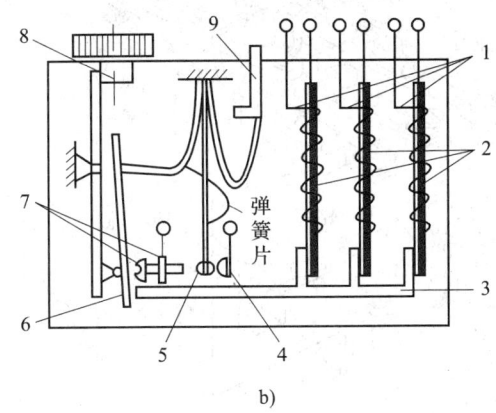

a) b)

图 2—5 热继电器

a）外形图 b）工作原理图

1—发热元件 2—双金属片 3—导板 4—静触点 5—动触点 6—杠杆
7—静触点（螺钉） 8—偏心凸轮 9—复位按钮

热继电器动作后，不能自动复位，需按一下复位按钮才能使热继电器动断触点接通电动机电路，重新启动电动机。一般热继电器动作后，至少要等 5 min，使双金属片伸直后重新启动电动机。

二、交流接触器的工作原理

交流接触器是各种电器控制设备中的主要电器，它是利用电磁吸引力使电路接通和断开的装置，从而完成各种自动控制要求，并有失压和欠压保护的功能。也是制冷装置中最常用的电器之一。

接触器主要由电磁铁和触头组成，如图 2—6 所示是它的结构图和工作原理图。电磁铁的铁心分上、下两部分，下铁心是固定不动的静铁心，上铁心是可以上下移动的动铁心。电磁铁的铁圈（吸引线圈）装在静铁心上。每个触点组包括静触点和动触点两部分，动触点与动铁心直接连在一起。当线圈通电时，吸引线圈产生电磁吸力，将动铁心吸合，由于动触头和动铁心固定在同一根轴上，因此使常开触头闭合，常闭触头断开，称之为接触器处于工作状态。当线圈断电时，电磁吸力消失，动铁心与静铁心依靠反作用弹簧的作用而分离，触头回复原位（即常开触头重新断开，常闭触头重新闭合），这称为接触器的释放状态。

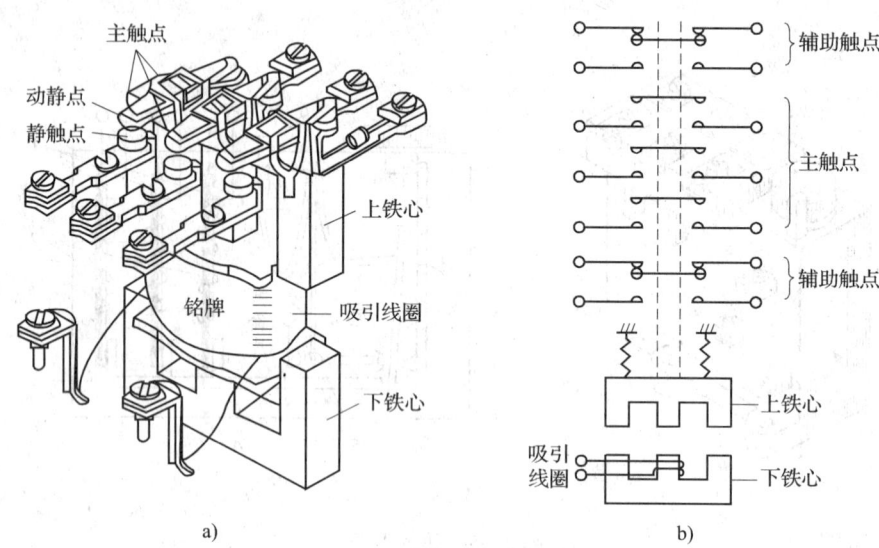

图2—6 接触器

a) 结构图 b) 工作原理图

接触器的选用可根据以下原则：

1. 根据被接通或分断的电流种类选择接触器的类型。
2. 根据被控电路中电流的大小和使用类别来选择接触器的额定电流。
3. 根据被控电路电压等级来选择接触器的额定电压。
4. 根据控制电路的电压等级来选择接触器线圈的额定电压。

 技能要求

继电器复位操作（以热继电器为例）

一、操作步骤

步骤1 确认位置

检查热继电器当前的工作状态，确认其处于过载保护状态，找到复位按钮。

步骤2 压下复位按钮

压下复位按钮，等待5 min，使双金属片冷却后才能重新启动电动机。

步骤3 记录

记录使热继电器动作的电流、恢复所用的时间和调整后的整定电流，并妥善保管记录。

二、注意事项

在操作过程中要注意人身和设备安全,工作前要穿戴劳动保护用品和工作服。

> **相关链接**
>
> 中间继电器与交流接触器的工作原理相同,也是利用线圈通电吸合动铁心而使触点动作。接触器主要用来接通和断开主电路;中间继电器则主要用在辅助电路中,用以弥补辅助触点的不足。因此,中间继电器触点的额定电流都比较小,一般不超过 5 A,而触点(包括动合触点和动断触点)的数量比较多。
>
> 常用的中间继电器有 JZ11 型(5 A,触头并联 10 A),还有 JTX 系列小型通用继电器。

第 3 节　处理辅助设备故障

 **学习单元 1　检测系统泄漏**

 学习目标

➢ 熟悉常用检漏器具,掌握测试要求
➢ 掌握制冷剂或润滑油泄漏的检测方法
➢ 能检查系统泄漏

 **知识要求**

一、泄漏的常见部位

1. 润滑油泄漏的常见部位

螺纹和法兰连接、密封垫处。

2. 制冷剂泄漏的常见部位

(1) 制冷压缩机所有可拆卸的连接部和轴封处。

(2) 螺栓端部、视油镜、蒸发器的各焊接部位。

(3) 各管道和部件（干燥过滤器、截止阀及阀杆处、电磁阀、热力膨胀阀、液体分配器）连接处。

二、常用检漏方法与测试要求

检漏工作应在系统达到一定工作压力或充注一定量制冷剂的条件下进行。常用的检漏方法如下：

1. 试纸检漏

此方法适用于氨系统的检漏。一般是在系统抽真空试验合格后，向系统内注入一定量氨液，使系统压力达到 0.3 MPa。若用酚酞试纸检测，遇氨后酚酞试纸呈粉红色；若用石蕊试纸检测，遇氨后试纸颜色由红变蓝。颜色越深说明泄漏越严重。

在用酚酞试纸检漏时，应将检漏处的肥皂液擦干净，否则酚酞试纸遇肥皂液后也会变红，造成错误判断。

2. 肥皂水检漏

这是一种常用、简便易行的方法。将洗衣肥皂切成薄片，浸泡在温水中，使其溶为稠状肥皂水或用肥皂粉泡制。如果在肥皂水中放几滴甘油，则可以使肥皂水保持较长时间湿润，更有助于检漏。

当制冷系统内达到一定压力（低压表压不低于 0.2 MPa）时，用肥皂水涂抹各连接、焊接和紧固等泄漏可疑部位（四周都涂），然后，耐心等待 10~30 min，仔细观察，若发现检查部位有不断扩大的气泡出现，即说明有泄漏。不过微量泄漏要仔细观察才能发现，开始时肥皂水中只是一个或几个针尖大小的小白点，过 10~30 min 后才变成大气泡。

由于接头在壳体内或被其他部件阻挡，不能观察到接头处是否泄漏时，可采用两种方法：一种是将一面小镜子放到接头背后照看，另一种是用手指把接头背后的肥皂水抹到前面来观察。

检漏工作必须极其细心，对可疑处往往要反复检查。肥皂水检漏操作比较麻烦，且在0℃以下不宜使用。

3. 浸水检漏

将已充注了工作压力的设备或零部件整体浸入水中，待水面平静后仔细观察，若有气泡逸出即说明有漏点。该方法适用于单体零部件或小型制冷设备的检漏，简便实用，但如需补焊应在被测件释压、烘干后方可进行。

4. 电子卤素检漏仪检漏

电子卤素检漏仪是根据六氟化硫等负电性物质对负电晕放电有抑制作用这一原理制成的。当氟利昂等卤化物气体进入具有特殊结构的电晕放电探头时，就会改变放电特性，使电晕电流减小，经机内电子电路将电晕电流的变化以光和声音的方式反映出来。

（1）使用操作步骤

1）装上电池，打开电源开关，报警扬声器应发出清晰缓慢的"滴答"声。

2）将传感器探头放到需检测的位置并缓慢移动。要求探头移动的速度不大于0.05 m/s，探头与被测部位之间的距离为3~5 mm。

3）当报警扬声器发出的"滴答"声频率加快时，说明有被测气体进入探头，由此可确定泄漏部位。

（2）使用注意事项

1）电子卤素检漏仪的灵敏度很高，有的可测出年漏损量为0.3~0.5 g的微量，因此不适宜在有卤素物质和其他烟雾污染的环境中使用。也不适宜检测泄漏量大的情况，否则易发生误报警或难以确定泄漏部位。

2）使用时应避免油污和灰尘污染探头。若探头保护罩或过滤布被污染，应拆下清洗。可用航空汽油清洗，吹干后再按照原样装好。

3）使用中不可撞击探头。

 技能要求

检测系统泄漏操作

一、操作准备

对于氨制冷系统准备酚酞试纸、石蕊试纸或肥皂液；对于氟利昂制冷系统准备卤素检漏灯、电子卤素检漏仪或肥皂液；准备通风机一台。

二、操作步骤

步骤1　通风

打开通风机或排风扇,保持检漏现场通风良好。

步骤2　观察

仔细观察可疑的泄漏部位,一般泄漏部位有油渍。氨系统泄漏有难闻的氨味,可通过嗅觉判断。

步骤3　检测

(1) 对于氨系统,将酚酞试纸用水湿润,再将酚酞试纸放在检测点,若试纸变为红色,即可确认该点泄漏;若将石蕊试纸放在检测点,试纸由红色变为蓝色,即可确认该点泄漏;将肥皂液均匀涂在检测点及其周围,仔细观察,若发现检查部位有不断扩大的肥皂泡出现,即可断定该处泄漏。

(2) 对于氟利昂系统,打开电子卤素检漏仪电源开关,将传感器探头放到需检测的位置并缓慢移动,当报警扬声器发出的"滴答"声频率加快时,说明有被测气体进入探头,可确定该处泄漏;肥皂液检漏同氨系统。

步骤4　记录和报告

把泄漏点的位置和泄漏情况等填写在设备运行日志中并上报上级主管部门。

三、注意事项

对于氨系统,检漏时严禁吸烟和明火操作。用肥皂液检漏时,在可疑点及其周围都要均匀涂上肥皂液,并耐心、认真观察,才能发现微量泄漏。

学习单元2　排除冷却水故障

➢了解流体流动的特殊现象

➢熟悉水泵的结构,掌握其工作原理

➢掌握消除液泵气蚀现象的操作方法

➢能更换阀门

▶能消除水泵气蚀

知识要求

一、流体流动的特殊现象

1．水锤现象

在压力管路中，由于某种外界原因（如阀门突然关闭、水泵机组突然停车）使水的流速突然发生变化，从而引起压强急剧升高和降低的交替变化，这种水力现象称为水击或水锤。

因开泵、停泵、开关闸阀过于快速，使水的速度发生急剧变化，特别是突然停泵引起水锤，会破坏管道、水泵、阀门，并引起水泵反转、管网压力降低等，所以，预防水锤发生极为重要，平时预防水锤发生的措施主要有以下几个方法：

（1）开关阀门过快引起的水锤

1) 延长开阀和关阀时间。

2) 离心泵应在阀门关闭 15% ~ 30% 时而不是全关时停泵。

（2）泵引起的水锤

1) 排除管道内的空气，使管道内充满水后再开启水泵，凡是长距离输水管道的高起部位都应设自动排气阀。

2) 停泵水锤主要因出水管止回阀关闭过快引起，因此，取消止回阀可以消除停泵水锤的危害，并且可以减少水头损失，节约电耗；目前经过一些大城市的实验，认为一级泵房可以取消止回阀，二级泵房不宜取消。取消止回阀时应进行停泵水锤压力计算，为减少和消除水锤，目前常在大口径管道上安装微阻缓闭止回阀。采用缓冲止回阀、微闭蝶阀安装在大口径的水泵出水管上，可有效地消除停泵水锤，但因阀门动作时有一定的水量倒流，吸水井须有溢流管紧靠止回阀并在其下游安装水锤消除器。

2．气穴和气蚀

液泵在使用过程中，如果作用于液泵吸入口的压力低于制冷剂液体实际温度下的饱和压力，或者由于液泵吸入管段的阻力损失，导致制冷剂液体蒸发而在泵的叶轮处产生大量气泡（即"气穴"现象），使叶轮振动而造成液泵断液，严重时液泵还会因轴承处得不到液体润滑而损坏，这种现象称为液泵的气蚀现象。

为了避免发生这种现象，保证液泵能正常工作，要求从低压循环贮液器正常工作液面到泵中心线之间保持一定的距离，以保证泵吸入口有足够的静液柱（位

压),即所谓"净正吸入压头(Net Positive Suction Head,NPSH)"。

净正吸入压头是液泵性能参数中一个很重要的数据,在制冷系统设计中,为了保证液泵吸入口有足够的净正吸入压头,以克服泵的入口处因加速度和涡流现象引起的压力损失,通常的做法是使低压循环贮液器的正常液位与液泵中心之间保持一定的垂直高度,该高度内形成的液柱静压,扣除液泵吸入管段的全部阻力损失(包括阀门和管件的局部阻力)后,尚应大于液泵所需的净正吸入压头。

防止液泵气蚀现象的主要措施:

(1)增加低压循环贮液器正常工作液面至液泵中心的垂直高度,即保证液泵吸入端有足够的液柱高度,这是保证液泵正常运行的首要条件。

(2)提高泵的抗气蚀性能,如离心泵加前置诱导轮和选用抗气蚀性能较好(即 NPSH 较小)的泵。

(3)在管路设计布置上还应采取一些技术措施。为了防止液泵进液管的入口处产生旋涡,通常宜在低压循环贮液器下部相对的两侧各自接管(即所谓"侧向出液"),以利减少管道的阻力损失;选择适当的进液管径,减少流动阻力以及选择合适的液泵过滤器滤网,并应装在靠近液泵最低位置上,同时考虑取出滤网进行清洗的可能性(因过滤器局部阻力较大)。

(4)排除液泵进液管道内的气体。应在进液管上装抽气管。对齿轮泵,接管位置通常宜在过滤器与液泵吸入口之间;对屏蔽式离心泵,也应根据泵的润滑冷却系统的特点,在合适位置装抽气管以排除因润滑冷却液体被加热而产生的气体。

(5)装设 CWK-11 型差压控制器。在液泵的吸入端与排出端之间,应装设 CWK-11 型差压控制器,当液泵不上液而差压不足时,差压控制器可以自动切断液泵电源,防止液泵损坏。

二、水泵的结构与工作原理

1. 水泵的结构

在空调工程中一般采用离心式水泵,简称离心泵。离心泵的种类很多,按叶轮吸入方式可分为单吸式离心泵、双吸式离心泵,按叶轮数目可分为单级离心泵、多级离心泵,按叶轮结构可分为敞开式叶轮离心泵、半开式叶轮离心泵、封闭式叶轮离心泵,按工作压力可分为低压离心泵、中压离心泵、高压离心泵,按泵轴位置可分为卧式离心泵、立式离心泵。

最常见的离心泵是单吸单级离心泵,其典型结构如图2—7所示。它能提供的流量范围为 $4.5 \sim 900$ m^3/h,扬程范围为 $8 \sim 150$ m。这种泵的泵轴 7 水平支撑在托架 8 内的轴承 9 上，泵轴 7 的一端为悬臂端，端部装有叶轮 3。为了减少泵内高压液体的外泄及空气的渗入，悬臂端泵轴上还装有填料密封机构 6。另外，叶轮上一般开有平衡孔，以平衡轴向推力。这种泵结构简单、工作可靠、部件较少。

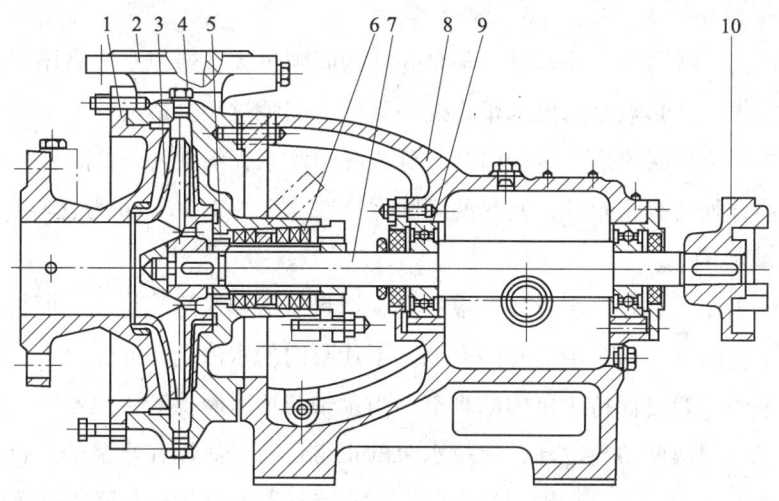

图 2—7　典型的单吸单级离心泵结构图
1—泵盖　2—泵体　3—叶轮　4—密封环　5—轴套　6—填料密封机构
7—泵轴　8—托架　9—轴承　10—联轴器

离心泵是由六部分组成的，分别是叶轮、泵体、泵轴、轴承、密封环、填料函。

（1）叶轮

叶轮是离心泵的核心部分，它转速高、出力大，叶轮上的叶片又起主要作用，叶轮在装配前要通过静平衡实验。叶轮上的内外表面要求光滑，以减少水流的摩擦损失。

（2）泵体

泵体也称泵壳，它是水泵的主体。起支撑固定作用，并与安装轴承的托架相连接。

（3）泵轴

泵轴的作用是借联轴器与电动机相连接，将电动机的转矩传给叶轮，所以它是传递机械能的主要部件。

（4）轴承

轴承是套在泵轴上支撑泵轴的构件，有滚动轴承和滑动轴承两种。滚动轴承使用牛油作为润滑剂，加油要适当，一般为轴承总空隙容积的 2/3 ~ 3/4，太多会发热，太少又有响声并发热。滑动轴承使用透明油作为润滑剂，加油到油位线，太多油会沿泵轴渗出，太少轴承又会因过热烧坏而造成事故。在水泵运行过程中，轴承的温度最高为85℃，一般运行在60℃左右，如果高了就要查找原因（是否有杂质，油质是否发黑，是否进水）并及时处理。

(5) 密封环

密封环又称减漏环。叶轮进口与泵壳间的间隙过大会造成泵内高压区的水经此间隙流向低压区，影响泵的出水量，效率降低；间隙过小会造成叶轮与泵壳摩擦产生磨损。为了增加回流阻力减少内漏，延长叶轮和泵壳的使用寿命，在泵壳内缘和叶轮外缘接合处装有密封环，密封的间隙保持在 0.25～1.10 mm 为宜。

(6) 填料函

填料函主要由填料、水封环、填料筒、填料压盖和水封管组成。填料函的作用主要是为了封闭泵壳与泵轴之间的空隙，不让泵内的水流到外面，也不让外面的空气进入到泵内，始终保持水泵内的真空。当泵轴与填料摩擦产生热量时，要靠水封管注水到水封圈内使填料冷却，保持水泵的正常运行。所以在水泵的运行巡回检查过程中对填料函的检查是特别要注意的，在水泵运行 600 h 左右就要更换填料。

2. 水泵的工作原理

离心泵之所以能把水送出去是由于离心力的作用。水泵在工作前，泵体和进水管必须灌满水，当叶轮快速转动时，叶片促使水快速旋转，旋转着的水在离心力的作用下从叶轮中甩出，被甩出的水挤入机壳，于是机壳内的流体压强增高，然后经蜗形机壳中的流道被导向出口排出，如图2—8所示。与此同时，叶轮的中心处由于水被甩出而形成真空区域，使水源的水在大气压力（或水压）的作用下通过管网被压到泵的进水管内，这样循环，就可以实现连续抽水。

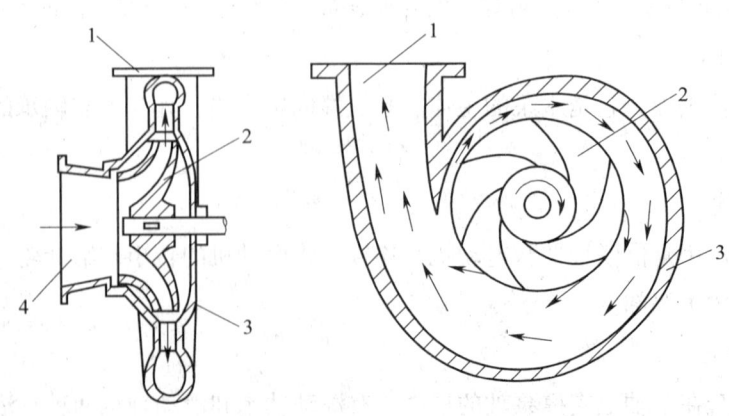

图 2—8 单级单吸离心泵原理图

1—排出口 2—叶轮 3—机壳 4—吸入口

离心泵的工作过程，实际上是一个把电动机高速旋转的机械能转换为被抽升流体的动能和压能的过程。在能量的传递和转换过程中，伴随有许多能量损失，这种能量损失越大，泵的性能就越差，工作效率就越低。

离心泵启动前一定要向泵壳内充满水，否则将造成泵体发热、振动，出水量减少，使水泵损坏（即"气蚀"），造成设备事故。

 技能要求

更 换 阀 门

一、操作准备

1. 准备工器具

根据损坏阀门的规格、型号准备相同的新阀门，准备适当规格、型号的扳手或管钳。

2. 确认位置

找到损坏的阀门。

二、操作步骤

步骤 1 排水

关闭损坏阀门前后最近处的截止阀，然后缓慢旋松连接阀门的法兰螺栓，把阀门处和附近管道内的积水排净。

步骤 2 拆卸

旋开连接阀门的法兰螺栓，拆下损坏的阀门，把管道口清理干净。

步骤 3 安装

放好阀门，把阀门两端的连接法兰螺栓对角拧紧几圈，固定好阀门位置，然后均匀用力，拧紧阀门两端的连接法兰螺栓。

步骤 4 检查记录

打开阀门前后最近处的截止阀，检查新安装的阀门是否漏水，开、关动作是否顺畅，如有问题及时处理好。最后把更换阀门的时间，阀门的规格、型号及更换结果如实填写在设备运行日志中。

消除水泵气蚀现象

一、操作准备

准备工具、用具，如钳子、扳手、细铁丝、手电等。

二、操作步骤

步骤1　观察压力与电流

启动水泵后，观察水泵出口压力表数值，观察水泵电动机电流表数值，若水泵发生气蚀现象，则压力表指针摆动，数值低于水泵正常工作时的压力数值或无压力，电流表数值低于水泵正常工作时的额定电流数值。

步骤2　排气

缓慢打开排气阀，排除水泵及管道内的气体。如排气阀被污物堵塞，可用细铁丝捅通，直至有水连续呈线状排出。

步骤3　正常后关闭放气阀

排气完毕关闭排气阀，同时观察压力表和电流表数值的变化。气体排放完毕，水泵应正常运转，压力表和电流表数值应达到水泵正常工作时的指示值。

步骤4　记录

把水泵发生气蚀的情况、处理结果、压力表读数、电流表读数等填写在设备运行日志中。

三、注意事项

如果排气阀打开，水泵气蚀现象仍不能消除，水泵流量减少甚至断水，需立即停止水泵运转，查找故障原因并排除故障，禁止水泵无水空转。

学习单元3　消除氨泵（制冷剂泵）气蚀

学习目标

➤熟悉抽气阀、出口旁通阀的作用，掌握其操作要求

➤ 能消除氨泵（制冷剂泵）气蚀

知识要求

一、抽气阀的作用及操作要求

1．抽气阀的作用

氨泵系统控制原理如图2—9所示。抽气电磁阀6的作用是防止氨泵发生气蚀而空转。

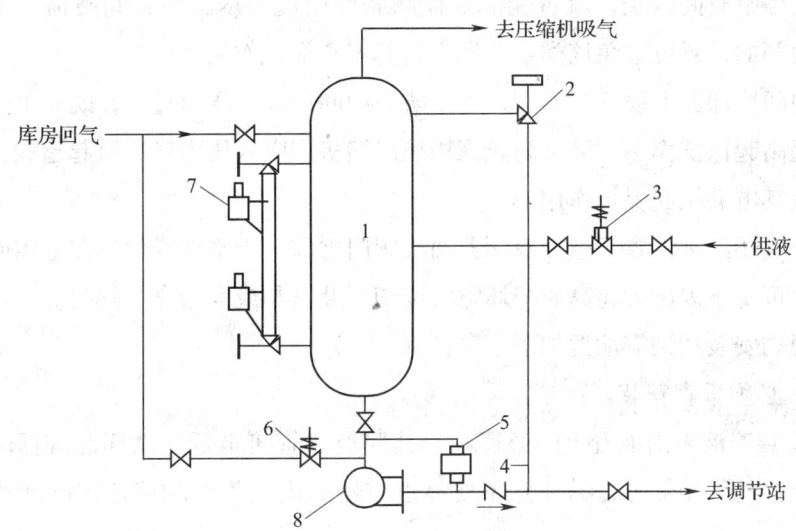

图2—9　氨泵系统自动控制原理图

1—低压循环贮液器　2—ZZRP-32型旁通阀　3—ZCL-32YB型电磁主阀　4—ZZRN-32型止回阀

5—CWK-11型压差控制器　6—ZCL-20型电磁阀（抽气电磁阀）

7—UQK-40型液位控制器　8—氨泵

2．抽气阀的操作要求

如图2—9所示，氨泵较长时间停止运行后，有可能在氨泵内产生制冷剂蒸气，使氨泵出现气蚀现象而不能运转。因此每台氨泵的顶端与低压循环贮液器之间设有一个抽气电磁阀6。此阀受氨泵启动器和压差控制器5的控制，一旦氨泵进、出口压差小于压差控制器的设定数值，压差控制器就发出延时指令，同时抽气电磁阀开始抽气。在延时时间内，如果压差升至压差控制器的设定值上限，抽气电磁阀就关闭，氨泵正常运行。否则氨泵停止运行，抽气阀也关闭，并发出声光报警信号。

二、出口旁通阀的作用及操作要求

1. 出口旁通阀的作用

旁通阀一般指定压旁通阀，当压力超过调定值时，通过旁通阀对设备和管道起保护作用，在有些情况下，还能起流量的自动调节作用。

在图2—9所示氨泵出液管的止回阀后设置旁通阀2，可以起两个作用。其一，当降温冷间减至一定数量，供液压力升至调定压力值时，能自动旁通多余制冷剂。其二，在液泵停止运行后，供液管内充满了制冷剂，如果管道较长、环境温度较高，一旦停泵时间较长，就可能因液体膨胀而引起超压，使管阀破损、制冷剂外泄。旁通阀的设置可避免该类事故发生，起安全保护作用。

在中间冷却器上设置旁通阀，可以防止中间冷却器压力过高，既对中间冷却器的压力超高起保护作用，又可防止高压级压缩机因吸入压力过高引起超载。对压缩机本身及其电动机起保护作用。

旁通阀还经常设置于空气冷却器回气阀门之前，当空气冷却器在融霜或者停止运行时，可防止因压力超高而损坏空气冷却器及其相应的管道和阀门。

旁通阀安装调试需注意如下事项：

（1）必须垂直安装。

（2）装于液泵出液管上的旁通阀，其回液侧管接至低压循环贮液器时，应接至容器上方的气相部分，并注意不要靠近容器的出气管口和液位控制器的气相接口。

（3）压力调节时，顺时针旋进顶杆为增大弹簧力，调定值增大；逆时针旋出为减小弹簧力，调定值减少。压力调定值应在实际安装部位复调。

（4）压力旁通的压差范围可以通过不同弹簧的配用予以分挡。

2. 出口旁通阀的操作要求

氨泵的流量一般较大，因此一台氨泵往往同时向几个冷间供液，在冷间的温度降到设定值下限时，便逐个关闭冷间供液电磁阀，停止供液降温，最后会出现一台氨泵只向一两个冷间供液的现象。此时由于供液量超过合理倍数和泵压较大，反而不利于降温，故设置旁通阀2，如图2—9所示，并调定到一定的旁通压力。氨泵的排出压力超过此值时，旁通阀自动开启，将一部分流量自动旁通到低压循环贮液器。这样泵压就能控制在一定范围内。

 技能要求

消除氨泵（制冷剂泵）气蚀现象

一、操作准备

1. 观察氨泵进、出口压力表数值，若氨泵发生气蚀现象，则泵出口、进口压力表差值小于氨泵正常运转时的出口、进口压力表差值；观察氨泵电动机电流表数值，若氨泵发生气蚀现象，电流表数值低于氨泵正常工作时的额定电流数值。

2. 发生气蚀现象时氨泵运转噪声较大，触摸氨泵，振动较强烈。

3. 准备合适的F形扳手，以备阀门开闭困难时使用。

二、操作步骤

步骤1 开启抽气阀

打开抽气阀，排除氨泵内的气体。

步骤2 正常后关闭抽气阀

仔细观察氨泵进、出口压力表数值的变化和电动机电流表数值的变化，当压力表、电流表数值恢复正常后，关闭抽气阀。

步骤3 记录

把氨泵发生气蚀的情况、处理结果、压力表读数、电流表读数等填写在设备运行日志中。

三、注意事项

1. 消除氨泵气蚀操作之前，观察低压循环贮液器液位，若液面过低，打开供液阀补充制冷剂，待液位达到正常液面位置时关闭供液阀，排除由于低压循环贮液器液位过低而引起的氨泵不上液情况。

2. 可常微开抽气阀，防止气蚀现象发生，或者每次启动氨泵后进行短时间抽气操作。

思 考 题

1. 引起压缩机曲轴箱压力过高的因素有哪些？如何排除？
2. 熔断器起什么作用？熔断器的额定电流如何确定？
3. 热继电器起什么作用？如何进行复位操作？
4. 叙述交流接触器的工作原理。
5. 如何排除阀杆泄漏？
6. 叙述单吸单级离心泵的工作原理。
7. 如何防止水锤现象发生？
8. 怎样消除氨泵气蚀现象？
9. 氨系统有哪些检漏方法？怎样检漏？
10. 氟利昂系统有哪些检漏方法？怎样检漏？

第3章 维护制冷系统

第1节 保养制冷压缩机

学习单元1 机房、设备间工作环境维护

学习目标
- 掌握机房、设备间工作环境要求和安全要求
- 能维护机房、设备间工作环境

知识要求

一、机房、设备间工作环境要求

1. 机房应有良好的消声和隔振措施。机房内的操作区与泵房内的噪声应不大于声压级 85 dB（A）；值班室的噪声不能大于声压级 70 dB（A）。机房内运行振动设备一般均应采用有效的隔振措施，防止固体传声对环境的影响。

2. 机房内应设有良好的排水设施。为保持机房的干燥和清洁，满足管道零部

件的维修和更换要求，机房内必须设有排水设施。通常的做法是：

（1）水泵基础四周设排水沟。

（2）机组、水过滤器等都需排水、维修，因此附近应有排水沟、地漏及集水坑等设施。

（3）地下室机房应设置集水坑和潜水泵。潜水泵应尽可能设自控装置，使之能自动排水。

3. 为改善操作人员的劳动条件及便于工作，机房应设给水设施；尤其是氨制冷机房，必须设置。

4. 在有条件的机房，尤其是露天设置的机房，应设置专用的操作、值班室。由于机房内的温度环境较差（通常为 5~40℃），所以值班室内应设置空调，为保证操作人员的卫生条件，应送入足够的新鲜空气。新鲜空气的进风口应远离热源、尘源及其他有害物质的排出口。

二、机房、设备间安全要求

制冷系统的形式很多，使用的工作介质也各有不同，更由于其工作的目的不同，运行时的参数有很大的差异，所以考核一个制冷系统要有许多不同的要求，但其中有一项是共同的，那就是安全要求。因为一个制冷系统失去了安全保障，其运行就失去了意义。由于制冷系统几乎所有的设备都在机房内，所以对机房的安全要求很高。

机房是压缩机房、设备间、变电室、泵房、值班室、维修间的统称，是操作和维修设备的活动场所。由于制冷系统的容器都属于压力容器，使用的工作介质也具有一定的危险性，维修时使用的氧气和乙炔更有易燃易爆的特点，因此机房是最容易发生事故的地方，所以对机房的安全要求非常严格，主要包括机房建筑的安全要求、机房设备及系统布置的安全要求、机房安全防护设备的要求等。

1. 机房建筑的安全要求

由于制冷机房的特殊性，它和其他建筑有着许多不同的要求，主要有以下几点：

（1）机房的高度

由于机房内要布置设备和各种管线，而且运行时，特别是炎热的季节，机房内的温度高达 45~50℃，为保证机房内设备和管线安全及有利于通风，小型机房高度应不低于 5 m，大、中型机房高度应不低于 6 m。

(2) 机房面积

因各种机房的大小不同，所布置的设备也不一样，所以对机房的面积不可能作统一的规定，其面积应保证设备与设备之间、设备与墙壁之间有足够的操作空间和维修空间，以及必要的安全通道。同时还应考虑设备更新、设备改造所需要的空间，根据以上要求确定机房面积。

(3) 采光和照明

机房窗户的采光面积不应小于机房面积的 1/7，窗户的位置、高度应布置合理，一般的要求是白天机房内的操作不应启用照明设施。机房的照明应有足够的照度，能方便、准确地读取仪表的数据。氨机房的照明灯应具有防爆功能。

(4) 机房通风

机房应有通风设施，其作用是在炎热的季节排除机房内的热空气，当机房发生工作介质泄漏事故时能很快地将其排出机房。机房内一般采用轴流式通风机，对于氨系统，应装在机房墙壁上并靠近屋顶的地方；对于氟利昂系统，应装在靠近地面的墙壁上，同时还应有移动式通风机。

(5) 机房门窗

机房的大门应直接通向库区或厂区的主干道，以方便设备的进出和紧急情况下人员的疏散。所有门窗不准采用推拉形式，应一律向外开，以便机房内发生大量工作介质泄漏和爆炸事故时，门窗能自动向外打开，缓解机房内的压力，或减轻爆炸的危害性。

(6) 机房值班室

机房应单独设立值班室，值班室应与压缩机机房隔开，值班室应有大面积的玻璃窗，操作人员在值班室内能全面观察压缩机机房内的情况，值班室除有房门和压缩机机房相通外，还应有通往机房外的房门，以备应急使用。值班室内或机房大门旁，需设切断制冷系统电源的总开关。

(7) 机房的防火防爆

机房必须有必要的防火设备，如消防水龙头、二氧化碳灭火器、干粉灭火器等。机房内除照明需用防爆灯外，所有设备的启动控制柜均应设在变电室内或压缩机房外，压缩机机房和设备间内不设电源插座。

(8) 其他条件

机房地面应易于清洗，应有水泥砂浆的墙裙，墙体应粉刷；机房内应有足够的水源和地漏，以备应急使用；应有水池或水盆；机房内不得设置明火取暖设备；机房区域内应设警示标志，以示警觉。

2. 机房管线布置的安全要求

机房管线是指制冷设备的工艺管道和电线、电缆。管道布置的基本要求是连接管道要尽量短，液流畅通，便于安装，有合理的加固措施，便于操作。电线、电缆的布置原则是电缆要埋在地下或架设在电缆桥架上，电线应加套管埋在墙内或地下，必须走明线的应按电气设备安装规范布线，其主要要求如下：

（1）各种管道走向及标高应有统一安排，不影响操作人员的活动，并适当兼顾美观。

（2）管道及设备上的压力表、温度计、电流表、电压表等应安装在便于观察的位置。

（3）管道布置要有利于工艺流程，同时考虑便于施工、安装和运行管理。

（4）管道之间、管道与墙壁之间应保持合适的距离，便于安装支架、吊架和敷设保温材料。

（5）压缩机的吸气管道和排气管道应有一定的坡度，氟利昂系统的管道还应考虑回油问题，加装必要的回油弯。

3. 机房设备布置的安全要求

设备布置的基本要求是符合工艺流程，适应操作管理和维护保养的需要，确保安全运行。各种设备的布置要求如下：

（1）制冷压缩机

1）制冷压缩机应布置在建筑物的底层，并应作防振处理。氨制冷压缩机及辅助设备不能布置在地下室。

2）制冷压缩机的主要操作通道不应小于 1.5 m，制冷压缩机之间的距离应满足维修时最大工件取出时的活动空间。

（2）氨油分离器

氨油分离器应尽量靠近冷凝器，洗涤式氨油分离器的进液口应低于冷凝器出液口 200~300 mm。

（3）冷凝器

1）冷凝器应靠近油分离器和高压贮液器，以便于操作和管理。

2）卧式壳管冷凝器可布置在室内或室外，立式冷凝器、淋激式冷凝器必须布置在室外。外置冷凝器应避免阳光的直接照射。

3）冷凝器的水池离建筑物一般不小于 3 m，以避免冷却水外溅时损坏墙面。

4）各种冷凝器应留有清洗和更换冷凝管的空间，其安装高度必须保证液体工作介质按自然要求流入高压贮液器。

(4) 高压贮液器

1) 高压贮液器应布置在距冷凝器最近的地方，其进液口应比冷凝器的出液口低 250 mm 以上。

2) 布置在室外的高压贮液器应避免阳光的直接照射。

3) 如果采用两个以上高压贮液器，应安装平衡液位的均压管。同时为保证安全，还应装有压力表、安全阀，并在显著位置装设液位计。

(5) 空气分离器

空气分离器可设置在室内或室外，一般布置在墙壁上便于操作的位置，若布置在室内则应把排空管引至室外。

(6) 集油器

集油器可设置在室内或室外。一般室外布置较普遍，若布置在室内则应把排油管引至室外。

(7) 重力供液器

重力供液器一般布置在室内，其安装高度根据管道阻力决定，一般应高出库房中最高位置的蒸发器 1.5~2.0 m，以保证一定的液位静压。

(8) 排液桶

排液桶应布置在设备间，或靠近冷库附近，其位置应尽量接近高压贮液器，以便于操作。

机房设备的布置在遵守以上原则的基础上，应符合工艺流程，从技术角度能确保设备安全、可靠地运行。

4. 机房安全防护设备的要求

除机房建筑、管线布置、设备布置的安全要求外，机房还应具有必要的安全防护设备，主要包括：

(1) 机房必须有消火栓，此外还必须有供清洗使用的水源。

(2) 氨制冷机房必须配置氧气呼吸器或防毒面具、防毒衣或雨衣，以及橡胶手套和雨靴，此外还应备有柠檬酸等救护药品。

(3) 机房内应设气体报警器，氟利昂机房当氧气体积分数低于20%，氨机房当氨气体积分数达到4%时，应发出报警。

(4) 机房应配置抢修设备用的手灯，其电压必须是 36 V 或 24 V，潮湿条件下使用时应为 12 V。

 **技能要求**

机房、设备间工作环境维护

一、操作准备

准备抹布、水盆、清洗剂、扫把等。

二、操作步骤

步骤1　整理

（1）擦工作台，整齐摆放常用工具和防护用品，如管钳、扳手、手灯、防毒面具、橡胶手套等。

（2）擦机房、设备间的玻璃窗。

步骤2　通风换气

打开排气扇，使机房、设备间空气流通，排出污浊空气，通风换气结束后关闭排气扇。

步骤3　消除危险源

（1）清除机房运动部件周围及地面的杂物，以免妨碍机器运转或绊倒工作人员。

（2）清除易燃、易爆物品，熄灭明火。

（3）把地面清扫干净。

步骤4　记录

记录维护机房、设备间工作环境的时间、维护的情况、参加人员等。

 **学习单元2　设备防腐、防锈**

 **学习目标**

➢掌握常用的防腐、防锈方法与操作方法

➢能定期进行防腐、防锈工作

 **知识要求**

一、发生锈蚀或腐蚀的原因

制冷设备及管道的内外金属表面发生锈蚀或腐蚀的原因是多方面的,主要有:

1. 裸露表面漆层剥落或隔热结构损坏,暴露在空气中,使金属表面锈蚀。

2. 由于制冷剂本身含有水分或因其他原因(如空气漏入、油中有水)水分混入系统,在金属媒体的作用下引起制冷剂水解,产生盐酸、氟氢酸等腐蚀性物质,腐蚀制冷设备及管道的金属表面。同时,由于空气的存在,使金属表面发生锈蚀。

3. 冷媒及冷却水中含有腐蚀性物质,使换热器水侧表面及水管内表面发生腐蚀。

4. 载冷剂采用盐水时,使蒸发器表面、盐水箱、搅拌器等金属表面发生锈蚀。

二、防腐和防锈措施

1. 防腐处理

为了减少制冷管道和设备的腐蚀,增加保护层的耐久性,须对管道和设备的外表面、保温结构的外表面作防腐处理。

(1) 地上热力管道与设备在保温施工前,都须涂刷一层耐热防锈漆。对不保温的管道应先涂一层红丹防锈漆,再涂两层醇酸树脂磁漆,或涂一两层沥青。

(2) 一般情况下室内外管道保护层外刷醇酸树脂磁漆两遍。

(3) 管道支架、阀门等附件的表面涂一层红丹防锈漆,再涂一层调和漆。

(4) 埋地管道外表面涂刷沥青防腐绝缘层。

(5) 加强冷却水和载冷剂的管理。经常检查和清洗管路系统,防止因过滤网损坏,使杂物进入换热设备的传热管,造成堵塞和堵塞处的局部腐蚀。定期进行水质检查并按规定加添防腐剂。

(6) 为了减少盐水对金属的腐蚀,尽量选用氯化钙盐水,对开放式盐水系统应采取措施尽量减少盐水与空气的接触,防止盐水大量吸入空气中的二氧化碳气体变成酸性(进行盐水检测时酸度计的 pH 值应保持在 7~9),为防止酸性过大,可在盐水中添加防腐剂。

2. 防锈处理

（1）重视泄漏检查与气密检查，以防空气及水分进入。

（2）选用质量好的制冷剂，而且充灌时应在充液管道上加装干燥过滤器，并排净管道中的空气，防止空气和水分混入。

（3）制冷设备及管道外表面发生锈蚀时，应及时对锈蚀部位进行清理，然后重新涂刷防锈油漆，修补好隔热结构，防止锈蚀部位扩大或加深。

 技能要求

螺栓、螺杆处涂抹润滑油脂

一、操作准备

1. 工器具

准备软质钢刷一个，油脂枪一把。

2. 材料

准备与螺栓、螺杆处原牌号相同的、符合质量要求的润滑脂适量。

二、操作步骤

步骤1　清除锈蚀

用软质钢刷将螺栓或螺杆处的锈蚀清理干净。

步骤2　涂抹润滑脂

把准备好的润滑脂装入油脂枪中，对准螺栓或螺杆处轻压油脂枪压柄，把适量的润滑脂压出，然后把润滑脂均匀涂抹在螺栓或螺杆周围。

 学习单元3　紧固松动螺栓

 学习目标

➢ 掌握紧固作业技术

➢ 能紧固松动螺栓

 知识要求

一、紧固作业工具

1. 钩头扳手

钩头扳手又称月牙形扳手,俗称勾扳子,采用铝青铜合金制造,用于拧转厚度受限制的扁螺母等。钩头扳手卡槽分为长方形卡槽和圆形卡槽,如图3—1所示。

钩头扳手停用后要及时擦拭干净。半年内不用者应涂油或用防腐法保存,停用一年以上的应涂油装入袋或箱内储存。

2. 管钳

管钳由钳柄、活动钳头和螺母等组成,其结构如图3—2所示。管钳用于拆卸或紧固管子。管钳使用技术要求如下:

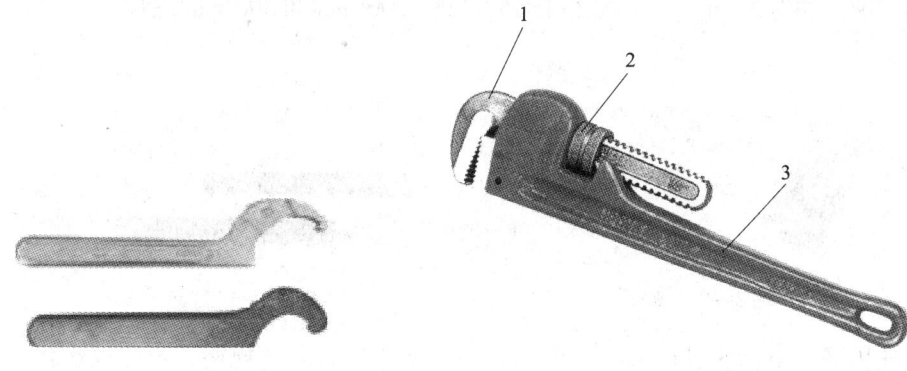

图3—1 钩头扳手　　　　　　　　图3—2 管钳

1—活动钳头　2—螺母　3—钳柄

(1) 管钳不能反搭。

(2) 使用管钳时应先检查固定销钉是否牢固,钳头、钳柄有无裂痕,有裂痕者不能使用。

(3) 较小的管钳不能用力过大,不能当加力棒使用。

(4) 不能把管钳当做榔头或撬杠使用。

(5) 操作时左手扶活动钳头,防止钳头打滑。

(6) 使用后及时清理干净,涂抹黄油,防止旋转螺母生锈。

3. 锤子

锤子俗称榔头,是主要的击打工具,在装卸零件等操作中都会用到锤子。

锤子由锤头和手柄两部分组成,如图3—3所示。钢制锤子的规格用锤头的质

量表示，有 0.25 kg、0.5 kg 和 1 kg 等几种。锤头用碳素工具钢 T7 锻造而成，并经热处理淬硬。手柄选用比较坚硬的木材制成，常用的 1 kg 锤头的手柄长 350 mm 左右。锤头安装手柄的孔呈椭圆形。手柄紧装在孔中后，端部应再打入金属楔子，以防松脱。

根据被击打工件的不同，锤头也有用铅、铜、橡皮、塑料或木材等制成的软锤子。锤头的质量应与工件、材料和作用相适应，太重和过轻都会不安全。

使用锤子时，要注意锤头与锤柄的连接必须牢固，稍有松动就应立即加楔紧固或更换锤柄。锤子的手柄长短必须适度，合适的长度是手握锤头，前臂的长度与手柄的长度相等。在需要较小的击打力时可采用手挥法，在需要较大的击打力时宜采用臂挥法；采用臂挥法时应注意锤头的运动弧线。锤子柄部不应被油脂污染。

4. 平口扁铲

平口扁铲由铍青铜合金、铝青铜合金铸造而成，呈扁平型，工作端有开刃，用于表面铲削，如图 3—4 所示。规格有 150 mm、200 mm 和 300 mm 三种。

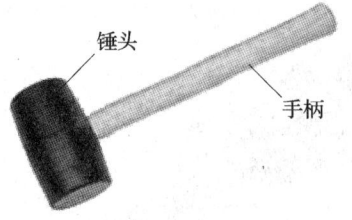

图 3—3 锤子

图 3—4 平口扁铲

在使用平口扁铲的过程中，应根据需要合理选择其品种规格，不得以小代大，更不得把它当做钢制工具一样来对待。扁铲有卷边、裂纹时不得使用，顶部有油污要及时清除。

使用时尽可能在干燥环境中，如不可能避免在潮湿环境中使用，要尽量加快操作速度，减少工作时间，以避免造成较大腐蚀而发生危险。

平口扁铲停用后要及时擦拭干净。半年内不用者应涂油或用防腐法保存，停用一年以上的应涂油装入袋或箱内储存。严禁与有腐蚀性的介质同装共储。

二、紧固作业要求

1. 把螺母和螺栓位置对正，避免偏丝拧紧引起螺母滑丝。

2. 在螺母处涂一点油脂，以防螺母生锈。

3. 当被连接件上的螺母比较多时，先用对角线法适当预拧紧对角上的螺母（或螺钉），再预紧其他螺母，预紧力的大小应根据载荷的性质、连接刚度等具体工作性质确定。最后根据预紧的顺序拧紧螺母。

4. 对于重要连接的螺母应控制拧紧力矩，如采用测力矩扳手（见图3—5）或定力矩扳手（见图3—6）拧紧。

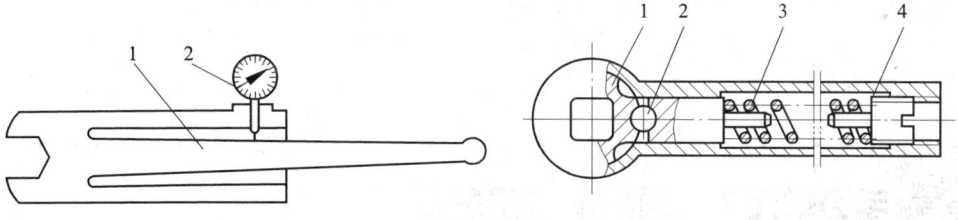

图3—5 测力矩扳手
1—弹性元件 2—指示表

图3—6 定力矩扳手
1—扳手卡盘 2—圆柱销 3—弹簧 4—螺钉

紧固松动螺栓

一、操作准备

准备合适的扳手，最好为呆扳手。必要时准备套筒扳手。

二、操作步骤

步骤1 确认对象

找到松动的螺栓。一般松动处的底座有明显的振动痕迹，密封面会有泄漏现象或有油迹。

步骤2 紧固

用扳手拧紧螺栓，注意拧紧力矩要大小合适。对于重要连接的螺母应采用测力矩扳手或定力矩扳手控制拧紧力矩。

如螺栓、螺母损坏应按规格更换。更换螺栓、螺母时，如果螺栓、螺母生锈，不容易松开，可借助锤子轻轻击打使其松动，然后拆除；若螺栓、螺母完全锈蚀不能松动，可借助扁铲彻底清除螺栓、螺母，以便更换新的螺栓、螺母。

步骤3 记录

把松动螺栓的位置、紧固情况、操作人员等记录在设备维修单上。

第2节　保养辅助设备

学习单元1　清扫水冷却系统

学习目标

➢ 掌握水冷却塔的结构、工作原理
➢ 能清扫水冷却系统

知识要求

一、水冷却塔的结构和工作原理

冷却塔冷却水的过程属于热量传递的过程。被冷却的水由喷嘴、布水器或配水盘分配到冷却塔内部的填料处，这样就大大增加了水与空气间的接触面积。空气是根据风机强制气流和水喷射的诱导效应以及冷却塔周围的自然风向而循环流动的。部分水在等压条件下吸热而汽化，从而使周围的液态水温度下降。

机械通风式冷却塔是依靠风机强迫通风使水冷却的，一般由塔体、淋水装置、配水系统、通风设备、空气分配装置、通风筒、收水器和集水池等部分组成。冷却塔的结构如图3—7所示。

1. 塔体

塔体是冷却塔的外围结构，一般选用玻璃材料制造。

2. 淋水装置

淋水装置的作用是将进入冷却塔的热水分离成细小的水滴或很薄的水膜，以增加水和空气的接触面积和接触时间，进而增加水的散热效果。淋水装置可分为点滴式、薄膜式和滴薄膜式三种。

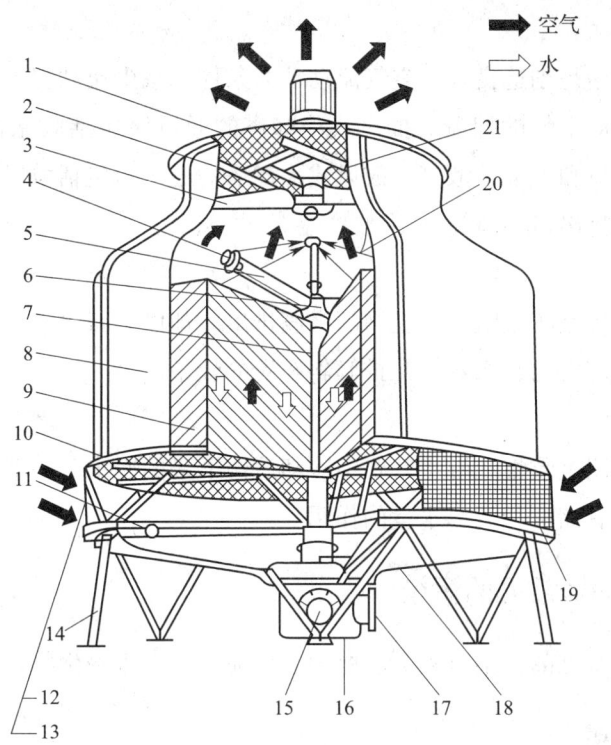

图 3—7　冷却塔的结构

1—出风口网　2—架组　3—风扇组　4—喷水管　5—挡水板　6—喷头　7—中心管
8—ERP 本体　9—PVC 散热材　10—散热材支持架　11—中间脚　12—自动补给管
13—手动补给管　14—铁脚　15—入水管　16—水槽　17—出水管　18—水盘
19—入风口网　20—胀紧装置　21—带式减速机

3．配水系统

配水系统的作用是保证在一定的水量变化范围内，将水均匀地分布到整个淋水装置面上，以充分利用淋水装置使水降温。配水系统分为固定式和旋转式两种。

4．通风设备

通风设备的作用是保证冷却塔内空气的快速流动，使水与空气迅速进行热交换，实现给热水散热的目的。

5．空气分配装置

空气分配装置的作用是将空气均匀地分配到塔内各部分，使淋水装置中均匀分布的水得到最有效的冷却。空气沿冷却塔断面的均匀分配，使水形成最大散热面。逆流式冷却塔的空气分配装置包括进风口和导风装置两部分。横流式冷却塔只有进风口，无导风装置。

6. 通风筒

通风筒的作用是创造良好的空气流动动力条件，减少流动阻力，并将湿热空气送往高处，减少湿空气的回流。抽风式冷却塔的通风筒包括收水器以上的整个部分，即风机喇叭口和上部扩散筒。鼓风式冷却塔的通风筒包括鼓风机的进风喇叭口和扩散筒及空气排出口的风筒。

7. 收水器

收水器的作用是防止随空气上漂的水滴排出冷却塔，减少水的流失及其对环境的污染。一般冷却塔的收水器是几排倾斜布置的板条。

8. 集水池

集水池的作用是收集在淋水装置中冷却后落下来的冷水。一般设置在冷却塔的底部，同时还具有储存和调节水量的作用。

二、水冷却塔常见的污染

水冷却塔中常见的污染有水垢、腐蚀、污泥、藻类等滋生物污染。

 技能要求

清扫水冷却系统

一、操作准备

准备毛刷、清洁布，准备合适尺寸、规格的旋具。

二、操作步骤

步骤1　切断电源，放水

（1）切断冷却塔风机电源，停止风机运转。

（2）关闭冷却塔集水池进水截止阀，打开放水截止阀，排出集水池中的水。

步骤2　清洗进风栅

轻轻卸下进风栅，用毛刷或湿的清洁布清除进风栅上的灰尘和杂物，晾干后装好进风栅。

步骤3　清洗布水器

检查喷嘴和配水管道，清洗喷嘴、喷孔，清除其中的杂物。

步骤4　清洗循环水池

用毛刷或清洁布清除循环水池中的污泥、藻类等杂质，用清水冲洗干净。

步骤 5　清洗过滤器

取下过滤器，用毛刷轻刷水过滤网，清除污垢，用清水冲洗干净，晾干后装好。

步骤 6　记录

记录清扫水冷却系统的时间、清洗情况以及操作人员等。

三、注意事项

冷却塔安装的位置一般比较高，清扫水系统时要注意人身和设备安全。

学习单元 2　调整、更换 V 带

学习目标

➢ 掌握 V 带传动技术要求
➢ 能更换、调整 V 带

知识要求

一、带传动的工作原理和特点

1. 带传动的工作原理

带传动是一种常用的机械传动装置，通常由主动轮 1、从动轮 2 和张紧在两轮上的挠性环形带 3 所组成，如图 3—8 所示。安装时，带被张紧在带轮上，当主动轮 1 转动时，依靠带与带轮接触面间的摩擦力驱动从动轮 2 一起回转，从而传递一定的运动和动力。

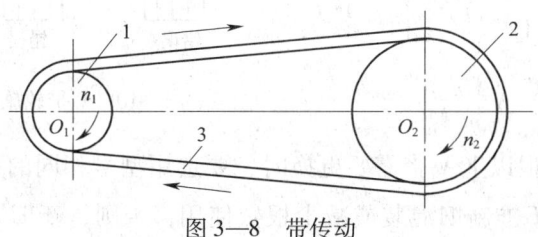

图 3—8　带传动

1—主动轮　2—从动轮　3—挠性环形带

2. 带传动的特点

（1）带有弹性，能缓和冲击、吸收振动，故传动平稳，无噪声。

（2）过载时，带在轮上打滑，具有过载保护作用。

（3）结构简单，制造成本低，安装维护方便。

（4）带与带轮间存在弹性滑动，不能保证准确的传动比。

（5）两轴的中心距大，整机尺寸大。

（6）带需张紧在带轮上，故作用在轴上的压力大。

（7）传动效率低，带的使用寿命较短。

带传动适用于要求传动平稳、传动比要求不很严格、中小功率及传动中心距较大的场合，不适宜在高温、易燃、易爆及有腐蚀性介质的场合使用。

二、V带传动的安装和张紧

1. V带传动的安装

V带（V-belt）是横截面为等腰梯形的无接头环形带，工作面为两个侧面，V带工作时两个侧面与轮槽侧面相接触，如图3—9所示。V带有普通V带和窄V带之分。V带与平带相比，由于正压力作用在楔形面上，当量摩擦因数大，能传递较大的动力，结构也紧凑，是传动带中产量最大、品种最多、用途最广的一种产品。

V带传动的正确安装是保障V带传动正常工作的前提，要注意以下几个问题。

（1）安装带轮时，两带轮的中心必须对齐，防止串槽，否则会造成V带单边工作，磨损严重，降低V带使用寿命，如图3—10所示。

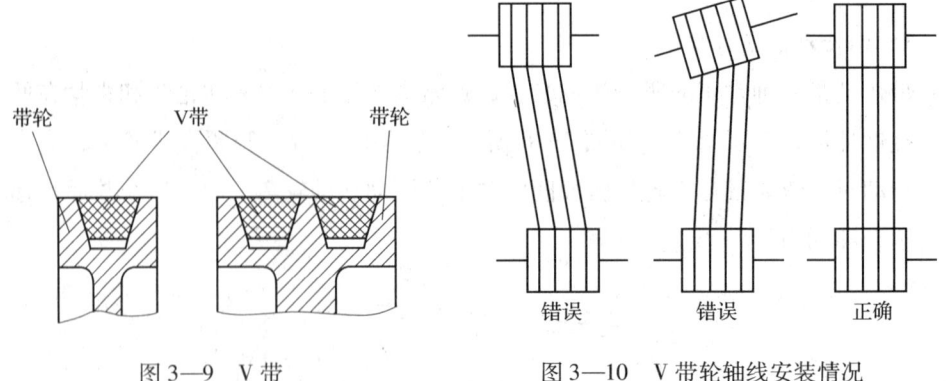

图3—9　V带　　　　　　图3—10　V带轮轴线安装情况

（2）双根或三根以上V带需要更换时，要选用型号相同的V带，并要求每组V带张紧度一致，不准新旧混装或减少根数使用，否则，新旧V带受力不均，甚至旧V带不起作用，影响动力传递和缩短V带的使用寿命。

(3) V带安装在带轮轮槽内，V带的顶面不应超出带轮外圆，V带的内表面与轮槽底面应有一定间距，以保证V带的工作面与轮槽的工作面全部接触，如图3—11所示。

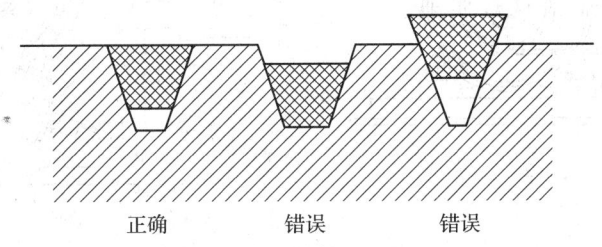

图3—11　V带在轮槽中的位置

(4) 安装V带时应该按规定的初拉力张紧。对于中等中心距的V带传动，可凭经验张紧，V带的张紧程度以大拇指能摁下15 mm为宜，如图3—12所示；对于重要的V带传动，安装时要测量V带的张紧力。

(5) 使用中要严防V带油污和沾泥水，避免V带与酸、碱等腐蚀性物质接触，以防V带打滑和被腐蚀而早期损坏。

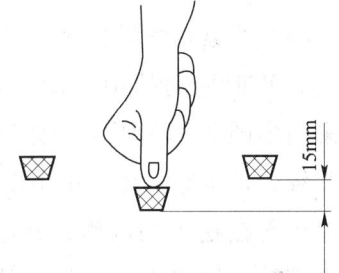

图3—12　V带的张紧程度

2．V带传动的张紧

V带的松紧度必须经常检查调整，使之符合要求。V带过松不仅容易打滑，也增加了V带的磨损，甚至不能传递动力；过紧，不仅会使V带拉长变形，容易损坏，同时也会造成发动机主轴承的离合器轴承因受力过大而加速V带磨损。V带传动在使用一段时间后，传动带会伸长，即发生松弛现象，所以要设法张紧。常用的张紧方法可分为三类：

(1) 定期张紧装置

如图3—13a所示为可移动式定期张紧装置，这种装置适合于两轴处于水平或倾斜不大的带传动。如图3—13b所示为摆动式定期张紧装置，这种装置适合于垂直或接近于垂直的带传动。

(2) 自动张紧装置

如图3—14所示为自动张紧装置，电动机固定在可以自由摆动的摆架上，利用电动机和摆架的自重自动实现张紧。这种装置适合于中小功率的带传动的张紧。

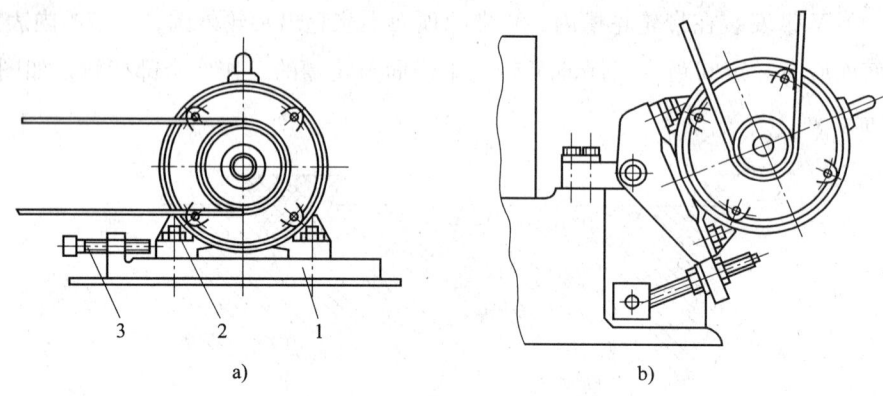

图3—13 中心距可调的定期张紧装置
1—电动机滑轨 2—螺母 3—调节螺栓

(3) 张紧轮张紧装置

当V带传动的中心距不可调节时，可采用如图3—15所示的张紧轮定期张紧装置，张紧轮直径小于小带轮的直径，一般布置在松边的内侧，并应尽可能靠近大带轮。如图3—16所示的张紧轮自动张紧装置，张紧轮一般布置在松边的外侧，并应尽可能靠近小带轮，可增大小带轮上的包角，这种装置多用于平带传动的张紧。

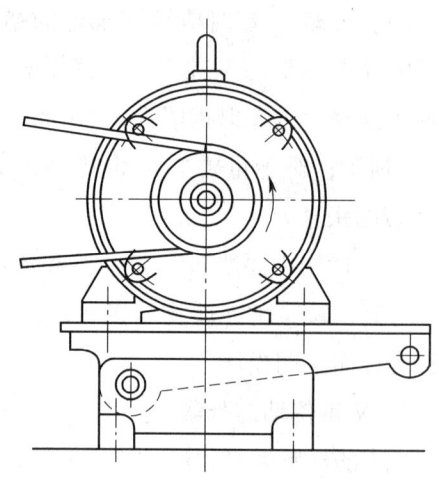

图3—14 自动张紧装置

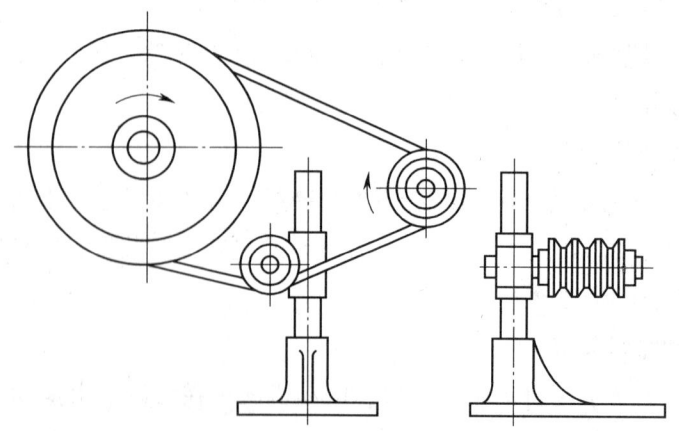

图3—15 中心距不可调的张紧轮定期张紧装置

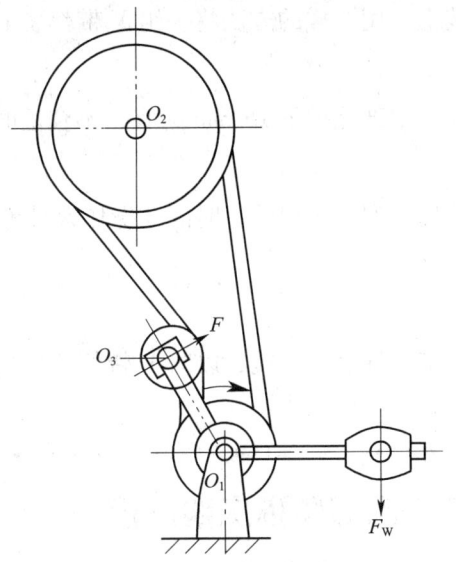

图 3—16　张紧轮自动张紧装置

 **技能要求**

调整、更换 V 带

一、操作准备

1．查看规格、型号

查看需要更换的 V 带的规格、型号、根数，准备相同根数、规格、型号的 V 带待用。

2．准备工器具

如果 V 带轮两轴中心距可调整，准备合适的调整工具如扳手、锤子、旋具等。

二、操作步骤

步骤 1　切断电源

切断驱动带轮运转的电动机电源，停止带轮工作。

步骤 2　更换

（1）对于两轴中心距可调整的结构，首先缩短中心距，然后装好 V 带，最后按要求调整好中心距。

（2）对于两轴中心距不可调整的结构，将一根 V 带先套入轮槽中，然后转动另一个带轮，将V带装上。用同样的方法将一组V带都装上。

步骤3　调整

用大拇指在每条V带中部能摁下15 mm为宜，不合适时要及时调整。

步骤4　记录

记录更换V带的规格、型号、根数、时间及操作人员等情况。

三、注意事项

安装V带时禁止用工具硬撬、硬拽，以防V带伸长或过松、过紧。

学习单元3　调节循环水池水位

➢ 掌握水位控制器工作原理
➢ 能调节循环水池水位

一、浮球水位控制阀

1. 浮球阀

浮球阀是一种用以自动控制水箱、水池水位的阀门，以防止溢流浪费，如图3—17所示。其缺点是体积较大，阀芯易卡住引起关闭不严而溢水。

2. 浮球液压水位控制阀

浮球液压水位控制阀克服了浮球阀的弊端，是浮球阀的升级换代产品，是一种浮球阀（导阀）操作、液压控制主阀直接动作的水力控制阀，如图3—18所示。其工作原理是：当水面下降超过预设值时，浮球阀（图中未画出）打开，活塞上腔室压力降低，活塞上下形成压差，在此压差作用下阀瓣（主阀）打开进行供水作业；当水位上升到预设高度时，浮球阀关闭，活塞上腔室压力不断增大致使阀瓣关闭停止供水。如此往复自动控制液面在设定的高度范围内，实现自动供水停水功能。

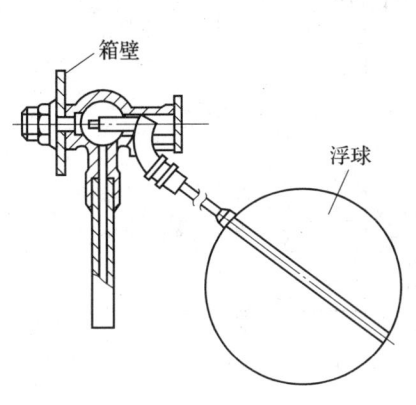

图 3—17 浮球阀

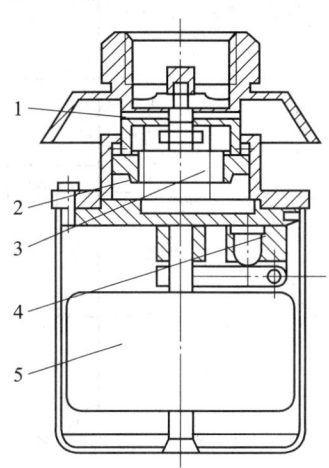

图 3—18 浮球液压水位控制阀
1—密封垫 2—活塞 3—弹簧
4—阀芯 5—浮筒

浮球液压水位控制阀的性能特点是：质量小，体积小；工作平稳可靠，在规定的使用压力范围内可保证无水锤冲击；安装维修方便。

浮球液压水位控制阀安装时将阀垂直固定在进水管上，然后将控制管、截止阀和浮球阀连接旋紧在该阀上即可。使用时，截止阀应全开，如同一水池安装两只以上浮球液压水位控制阀，则应保持在同一水平面。因主阀关闭要滞后浮球阀关闭 30～50 s，故水箱要有足够的空余容积，以防溢水。为防止杂质、沙粒进入阀内引起工作失灵，阀前应装过滤器。

二、电接点水位控制器

1. 晶体管水位控制器

SY 型晶体管水位控制器根据喷水池（或回水箱）的水位高低控制回水泵的启动，其内部接线原理图如图 3—19 所示。图中左侧 6、7 点是输出点。其工作原理是利用继电器控制开关的吸合和断开，从而实现水位监控的目的。

当水池水位处于"高""中"位时，水位极板接通电路，放大电路三极管 V4 基极通电，V4 饱和接通，继电器 K 吸合，输出端常闭触点 6、7 断开，使排水泵保持工作状态。其中常开触点与"中"水位形成自锁，只有当水位下降到"中"以下时，继电器 K 才释放，水泵停止工作。

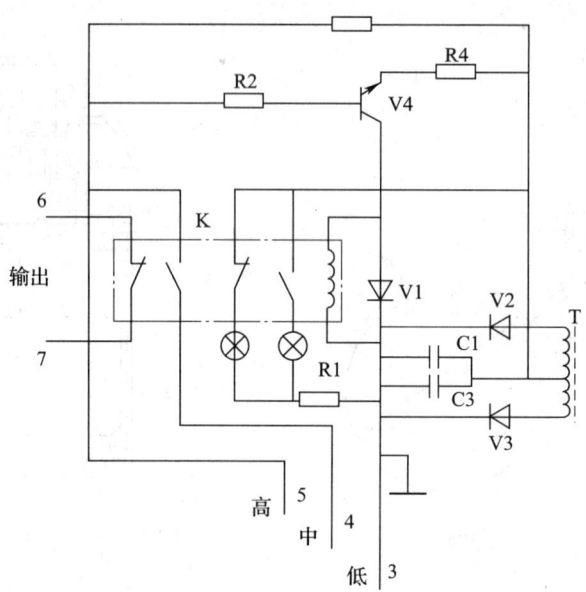

图 3—19 SY 型晶体管水位控制器内部接线原理图

2. 电子液位控制器

JYB 型电子液位控制器的接线如图 3—20 所示。电子液位控制器的三个探测极棒 a、b、c 为三位控制,按照电子液位控制器的线路分别与电动机控制的主接触器线圈、电动机热继电器辅助触头连接,电源变压器一次侧连接电源,三个极棒与电

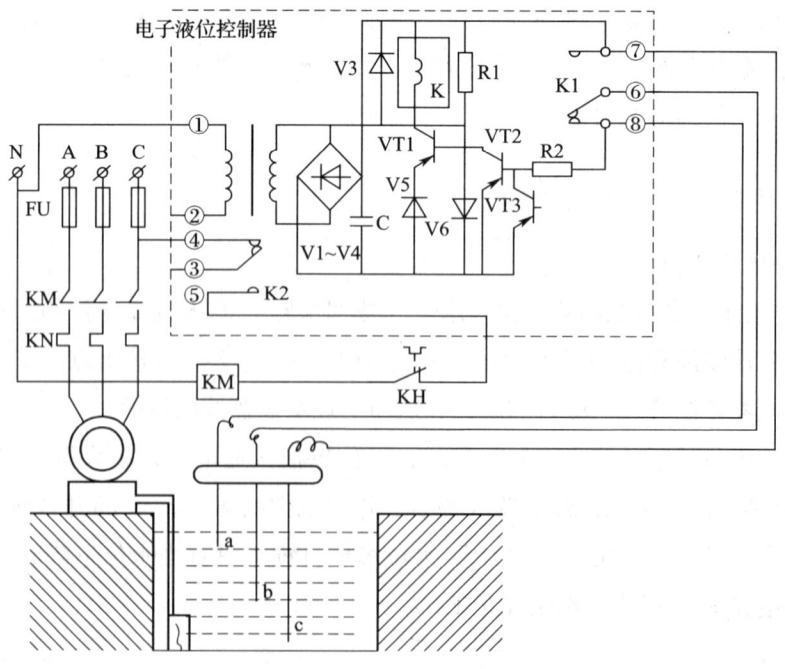

图 3—20 JYB 型电子液位控制继电器工作原理图

子控制器相应端子连接。

探测极棒 a 为高水位控制，b 为低水位控制，c 为初始进水控制，根据要求将 a、b、c 放在水箱中。探测极棒 a 的端部与高水位线重合，b 的端部与低水位线一致，c 的端部则在水箱的底部。

送电后，水泵应运转，送水到水箱中，当水位上升到高水位线时，水泵应停机。水位达到低水位线时，水泵应启动供水，使水箱中的水位在高、低水位间变动，进而控制液位的高度。

 技能要求

循环水池水位调节

一、操作准备

准备合适的扳手、旋具、测电笔等。

二、操作步骤

步骤1　停止供水

停止向循环水池供水。

步骤2　调整

调整水位控制器浮球的位置，使其位于设定的液位上限，水量不足时补充水，水量多余时放水。

步骤3　试验

打开排水阀，排除循环水池的水，浮球随着水位的下降而降低，当降低到设定液位的下限时，水位控制器应能打开供水；随着水位的上升，浮球随之升高，当浮球升高到设定液位的上限时，水位控制器应能关闭。

步骤4　记录

记录水位控制器调整的液位上、下限数值和调整情况。

三、注意事项

在调整水位控制器时，当水位达到设定的上限值时，水位控制器应关闭，若关闭不严，应重新调整或更换密封垫，直到阀门关严，避免出现溢流现象。

相关链接

为了保证制冷装置正常、安全运行,在有自由液面的设备中要求保持恒定的液位。例如,需要保持满液式蒸发器、中间冷却器、低压循环贮液器等容器中的制冷剂液位;在油系统中,需要控制油分离器、集油器和曲轴箱中的油位,并根据油位控制排油和加油。

1. 浮球阀

较大型的低温装置中较多采用满液式蒸发器。它虽然存在制冷剂充灌量大,回油有难度的缺点,但容易实现装置的稳定运行,便于冷量分配,所以使用很广泛。满液式蒸发器通过液位反映冷量与负荷是否匹配,所以供液量调节是使液位维持在指定范围内。一般采用低压浮球阀控制低压侧液位,必要时采用高压浮球阀控制高压侧液位。

(1) 高压浮球阀

高压浮球阀是以浮球感应高压侧容器(冷凝器或者高压贮液器)中的液位来控制向蒸发器供液的调节阀。它使送入蒸发器的制冷剂流量与压缩机从蒸发器抽出的制冷剂流量相等。高压浮球阀有直动式和伺服式两种类型。

如图3—21所示为直动式高压浮球阀的结构示意图。它与高压侧容器(冷凝器或者高压贮液器)相连通,制冷剂液体从容器进入阀室。液位高

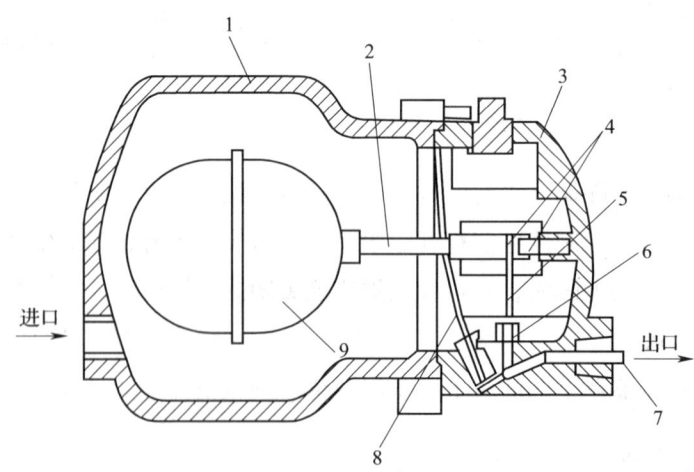

图3—21 直动式高压浮球阀的结构示意图
1—壳体 2—浮球杆 3—端盖 4—铰链 5—针阀
6—阀座 7—节流阀 8—排气阀 9—浮球

时，浮球升起，带动针阀，将阀孔开大，增大供液量；反之液位降低，减少供液量。液体经阀孔节流膨胀，流入蒸发器。除采用针阀外，还有蝶阀、平衡式双孔阀和滑阀结构（适用于较大流量的场合）。

大型装置中通常使用伺服式高压浮球阀。它用直动式高压浮球阀做导阀（控制阀），控制膜片式或者活塞式主阀（膨胀阀），使主阀完成调节流量的执行动作。图3—22所示为伺服式高压浮球阀的连接示意图，电磁阀可以接受指令控制主阀关闭，使系统停止工作。

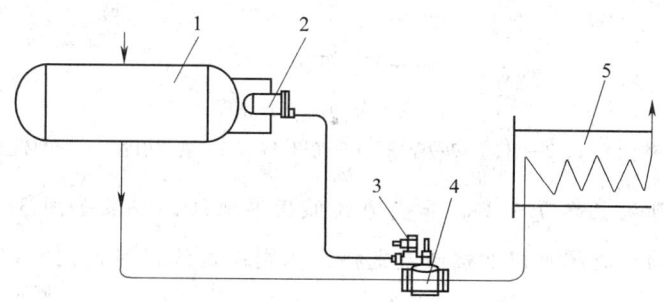

图3—22　伺服式高压浮球阀连接示意图
1—高压贮液器　2—高压浮球阀　3—电磁阀　4—主阀　5—蒸发器

（2）低压浮球阀

低压浮球阀的工作原理与高压浮球阀类似，所不同的是由浮球感应低压容器（满液式蒸发器）本身的液位，来控制蒸发器进行供液量调节。另外，其动作规律与高压浮球阀相反，即液位升高时阀关小，反之开大。它也有直动式和伺服式两种类型。

直动式低压浮球阀又有直通式和非直通式之分，它们的工作原理如图3—23所示。

直通式液体经阀口节流后进入浮球室，再靠重力由液相引管5流入蒸发器。液相引管5的管路既是液相平衡管又是送液管，必须从容器液面以下供液。直通式浮球阀的结构简单，但浮球室液面易受进液流的冲击而发生波动，因而导致误调节，使阀工作不稳定。若采用非直通式，液体节流后不经过浮球室，用外接输液管送到蒸发器，这就克服了直通式的上述缺点，使阀工作稳定；而且，由于是在压差下供液，所以对送液位置没有限

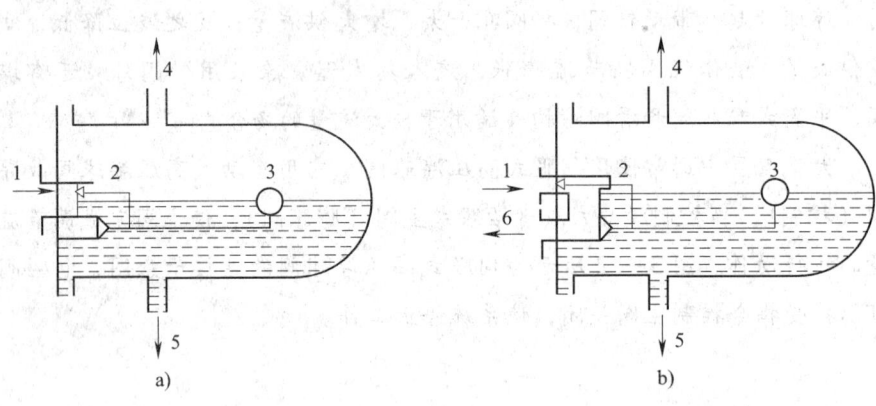

图 3—23 低压浮球阀
a) 直通式　b) 非直通式
1—液体入口　2—针阀　3—浮球　4—气相引管　5—液相引管　6—液体出口

制,只是结构上略复杂些。非直通式低压浮球阀的安装如图 3—24 所示,图中的手动节流阀可以在检修或更换浮球阀或过滤器时使用,以维持系统继续运行。

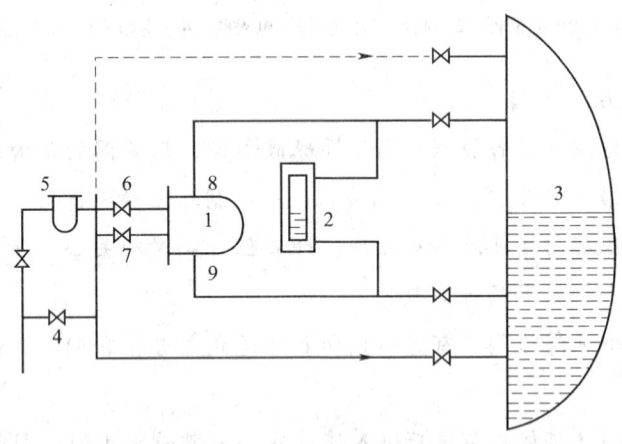

图 3—24　非直通式浮球阀的安装
1—浮球阀　2—液位指示器　3—容器　4—手动节流阀　5—过滤器
6—液体进口　7—液体出口　8—气体接管　9—液体接管

直动式浮球阀靠浮力打开阀,口径过大时,要求浮球的尺寸过大,为此,可采用伺服式。它用一个小口径的非直通阀做控制阀,与主阀配合使用，如图3—25所示。蒸发器中液位上升时浮球阀关闭，主阀活塞上部的内压旁通至吸气侧，于是主阀关小；反之，浮球阀将控制压力引入主阀活塞上部，使主阀开大。

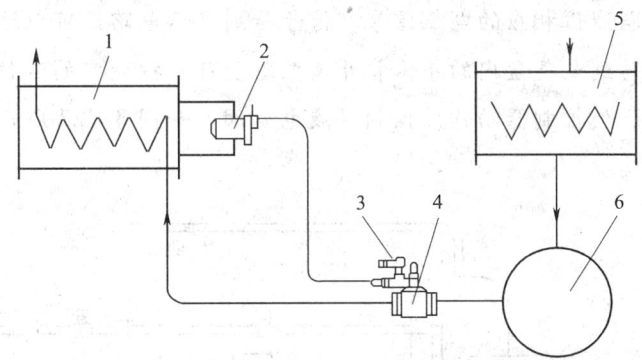

图3—25 伺服式低压浮球阀控制
1—满液式蒸发器 2—低压浮球阀 3—电磁阀
4—主阀 5—冷凝器 6—高压贮液器

2. 浮球液位控制器

浮球液位控制器与电磁阀配合使用，对液流作开关（双位）控制，维持被控容器中液面在指定范围内。

浮球液位控制器有水银开关式和电子开关式两种类型。

（1）水银开关式液位控制器

水银开关式液位控制器原理如图3—26所示。浮球室与容器连通，浮球上固接金属浮杆，浮杆穿过永久磁铁，磁铁的上部外侧是水银开关。浮球随液位上、下移动时带动浮杆在磁场中运动，水银面由于磁力改变而发生倾斜，使水银电接点接通或者断开。水银开关式液位控制器通常不宜在 $-32℃$ 以下的温度环境中使用（因为水银的凝固点约为 $-39℃$），这种场合下可以用内装的微动开关或者簧片开关代替，通过继电器把开关信号传递到执行器（电磁阀）。

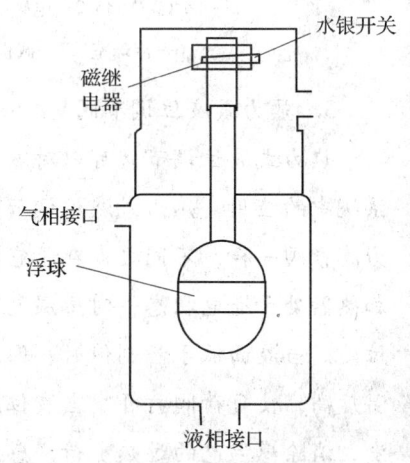

图3—26 水银开关式液位控制器原理图

(2) 电子开关式液位控制器

电子开关式液位控制器由浮球室、浮球电感线圈和电气盒组成。浮球上、下移动时，带动金属浮杆在电感线圈中上、下运动，改变电感线圈的电抗，输出与液位相应的电压信号。信号传到显示电路，可以远传显示液位值；信号传到电气盒内的晶体管开关电路，可以按调定的液位上、下限接通或断开，使控制器动作，控制供液电磁阀。如图3—27所示是其应用示例。

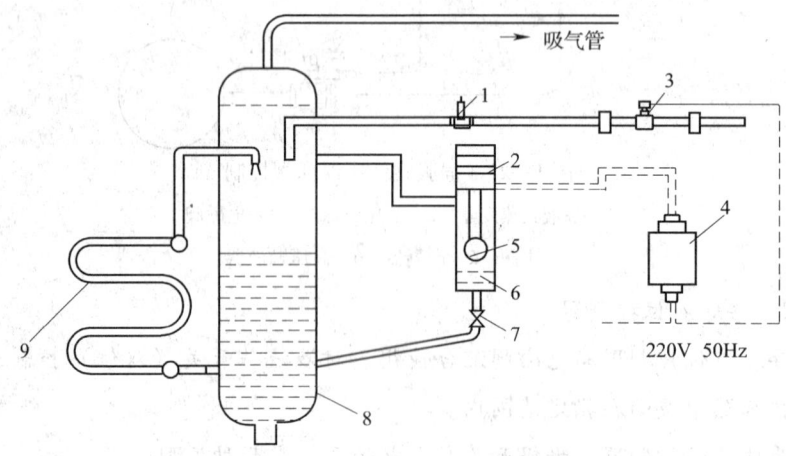

图3—27　电子开关式远传浮球液位控制器的应用

1—手动节流阀　2—电感线圈　3—电磁阀　4—继电器　5—浮球
6—浮球室　7—截止阀　8—气液分离器　9—蒸发器

3. 热力式液位调节阀

热力式液位调节阀可以对液位实行比例调节，如图3—28所示是它在系统中的应用。热力式液位调节阀类似于热力膨胀阀，阀的主体部分和热力膨胀阀一样，不同之处在于它的感温包内装有电加热器。装置工作时电加热器处于通电状态，对感温包施加过热负荷。感温包安放在要控制的液位处。当液面低于控制值时，因加热作用感温包温度比容器内的饱和液体温度高，使负荷阀打开。当液位上升、浸没感温包时，由于制冷剂液体蒸发，消除感温包的过热负荷，感温包内压力降低，使阀关闭。这种液位调节阀的优点是：直接动作，不像浮球液位控制器与电磁阀组合动作那么复杂；体积小，安装方便，安装位置自由。

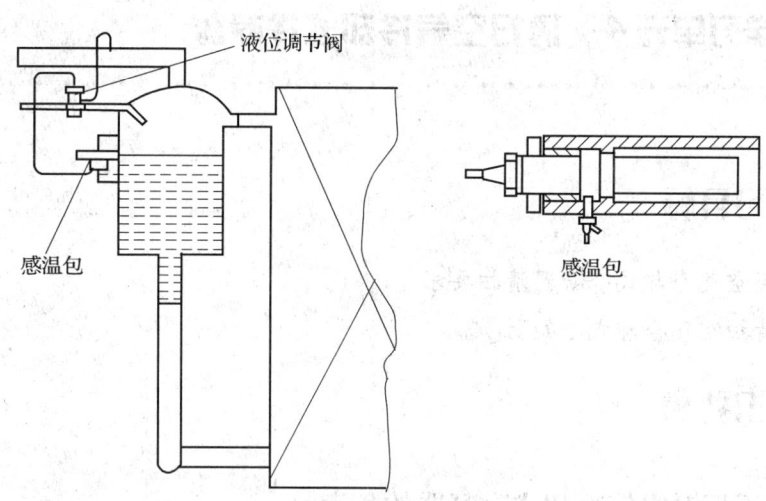

图3—28 热力式液位调节阀的应用

4. 热力式液位控制器

热力式液位控制器采用与上述类似的电加热型感温包感应液位，通过毛细管传递感温包压力信号，与容器内液体的饱和压力比较，推动电触头板，使电磁阀通、断，对液体进行双位调节，还可以作为安全开关和液位报警装置使用。图3—29所示为热力式液位控制器的应用示例。

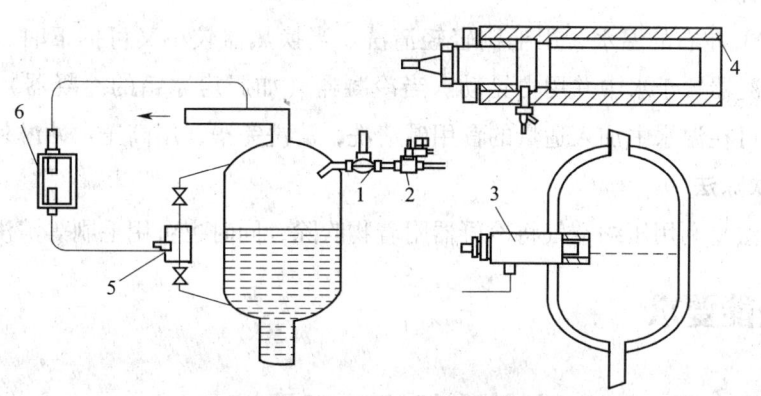

图3—29 热力式液位控制器的应用

1—节流阀 2—电磁阀 3,4,5—感温包 6—电触头板

学习单元4　清扫空气冷却式冷凝器

 学习目标

➢掌握空气冷却式冷凝器清扫要求
➢能清扫空气冷却式冷凝器

 知识要求

一、污垢对空气冷却式冷凝器的危害

空气冷却式冷凝器以空气作为冷却介质，而环境空气里总含有灰尘，冷凝器用久了其外表面容易附着灰尘和油污，使换热翅片的空隙被灰尘堵塞，影响空气的流通，使风量减小，热阻增大，降低冷凝器的传热效率。

二、空气冷却式冷凝器的清扫方法

空气冷却式冷凝器外表面的清洗一般有刷洗法和吹除法。

1. 刷洗法

备70℃左右的温水，用毛刷轻轻清洗。当换热器较小又可拆下时，可封住管口，将冷凝器置于水中并用力晃动。当冷凝器（如厨房冰箱的冷凝器）外表附着油污时，可在温水中加入适量的食用碱清洗，清洗完毕，用高压水冲淋外表面。

2. 吹除法

吹除法是利用压缩空气将冷凝器附着物吹除，同时也可用毛刷等清洗。

 技能要求

空气冷却式冷凝器清扫

一、操作准备

准备长毛刷、温水和盛水容器，若有条件可准备空压机。

二、操作步骤

步骤1　切断电源

切断空气冷却式冷凝器的风机电动机电源。

步骤2　清扫

（1）若采用刷洗法，则用70℃左右的温水，用毛刷轻轻清洗冷凝器外表面的污垢；当冷凝器外表附着油污时，在温水中加入适量的食用碱清洗，清洗完毕，用高压水冲淋外表面。

（2）若采用吹除法，则利用压缩空气将冷凝器附着物吹除，同时也可用毛刷等清洗。

步骤3　记录

记录冷凝器清洗时间、清洗情况等。

三、注意事项

1. 在清洗冷凝器过程中，不能用硬物敲击，应注意保护翅片、换热管等，以免损坏。

2. 对于安装位置较高的冷凝器，操作人员要做好保护，确保清洗过程中人员和设备的安全。

学习单元5　轴承充注润滑油、润滑脂

学习目标

➢ 掌握润滑油、润滑脂的性能、作用、规格
➢ 掌握电动机、水泵、风机等设备的轴承充注润滑油、润滑脂的方法
➢ 能给轴承充注润滑油、润滑脂

知识要求

一、润滑油

1. 润滑油的性能

（1）润滑油在使用温度范围内应保持合适的黏度。润滑油黏度一般用运动黏

度来表示，单位是 m^2/s。

（2）润滑油的凝固点应较低，一般凝固点应低于使用温度 5~10℃。

（3）润滑油加热到当它的蒸气与明火接触即发生闪火时的最低温度，称为闪点。润滑油的最高使用温度应比闪点低 50~80℃，以免引起润滑油燃烧和结炭。

（4）润滑油不应含有水分和杂质。润滑油中若有水分存在，将会引起润滑油变质和对金属产生腐蚀等作用。润滑油中若混有机械杂质将会使运动部件磨损加剧。

2. 润滑油的作用

（1）润滑作用

润滑相互摩擦的零件表面，使相互摩擦的表面完全被油膜分隔开来，从而降低摩擦面的摩擦功、摩擦热和零件的磨损。

（2）冷却作用

带走摩擦热，使摩擦零件的温度保持在允许的范围内。

（3）冲洗作用

润滑油不断冲洗摩擦面，带走磨屑，减少摩擦件的损失。

3. 润滑油的规格

国标 GB 443—1989 规定采用润滑油在 40℃ 时的运动黏度中心值作为润滑油的牌号。润滑油实际运动黏度应在中心黏度值的 ±10% 偏差以内。常用全损耗系统用润滑油（机械油）的规格见表 3—1。进口的制冷设备需要更换润滑油时，应选用原牌号润滑油。

表 3—1　　　　　　　　　国产机械油规格

牌号（40℃）	运动黏度范围（m^2/s）
L - AN15	13.5~16.5
L - AN22	19.8~24.2
L - AN32	28.8~35.2
L - AN46	41.4~50.6
L - AN68	61.2~74.8
L - AN100	90.0~110

4. 润滑油的充注方法

润滑油的充注方法较简单，对于有弹簧盖油杯或密封加油孔的部位，可用塑料油壶或鼠形油壶缓慢注入油杯；对于有压注油杯的部位，可用压力油壶注入。

二、润滑脂

1. 润滑脂的性能

润滑脂的使用范围很广，工作条件差异也很大，不同的机械设备对润滑脂性能的要求很不相同。润滑脂性能是润滑脂组成及其制备工艺的综合体现。根据工程机械用脂部位的具体情况，对润滑脂的基本要求是：适当的锥入度，良好的高低温性能，良好的极压、抗磨性，良好的抗水、防腐、防锈和安定性等。

（1）锥入度（稠度）

锥入度是测量润滑脂稠度大小的质量指标。它是指在规定的质量、时间和温度条件下，标准锥体（针）垂直刺入固体或半固体石油产品的深度，单位是 mm。锥入度是一个与润滑脂在所润滑部位上的保持能力和密封性能，以及与润滑脂的泵送和加注方式有关的重要性能指标。某些润滑点之所以要使用润滑脂，就是因为其有一定的稠度，从而使其具有一定的抵抗流失的能力。不同锥入度的润滑脂所适用的机械转速、负荷和环境温度等工作条件不同，因此，锥入度是润滑脂的一个重要指标。

锥入度的测定是指在规定测定条件下 5 s 内，质量为 150 g 的标准锥体，沉入 25℃ 的润滑脂的深度（以 mm 为单位），它表示润滑脂内阻力的大小和流动性的强弱。锥入度越小，润滑脂越稠，附着性、密封性越好，承载能力越高。

（2）高温性能

温度对于润滑脂的流动性有很大影响，温度升高，润滑脂变软，使润滑脂附着性能降低而易于流失。另外，在较高温度条件下还易使润滑脂的蒸发损失增大，氧化变质与凝缩分油现象严重。润滑脂失效的主要原因，大多是由于凝胶萎缩和基础油蒸发损失所致，即润滑脂失效过程的快慢与其使用温度有关。高温性能好的润滑脂可以在较高的使用温度下保持其附着性能，其变质失效过程也较缓慢。润滑脂的高温性能可用滴点、蒸发度和轴承漏失量等指标进行评定。

滴点是指在规定的条件下，润滑脂从标准的测量杯孔滴下第一滴油时的温度。它反映润滑脂的耐高温能力。选择润滑脂时，工作温度应低于滴点 15~20℃。

（3）低温性能

工程机械启动时的温度与环境温度近乎一致，在寒冷地区使用时，要求润滑脂在低温条件下仍能保持良好的润滑性能，它取决于润滑脂低温条件下的相似黏度及低温转矩。

（4）极压性与抗磨性

涂在相互接触的金属表面间的润滑脂所形成的脂膜，能承受来自轴向与径向的负荷，脂膜具有的承受负荷的特性称为润滑脂的极压性。一般而言，在基础油中添加了皂基稠化剂后，润滑脂的极压性就增强了。在苛刻条件下使用的润滑脂，常添加极压剂，以增强其极压性。目前普遍采用四球试验机来测定润滑脂的脂膜强度。

（5）抗水性

润滑脂的抗水性表示润滑脂在大气湿度条件下的吸水性能，要求润滑脂在储存和使用中不具有吸收水分的能力。润滑脂吸收水分后，会使稠化剂溶解而导致滴点降低，引起腐蚀，从而降低保护作用。有些润滑脂，如复合钙基脂，吸收大气中的水分后还会变硬，逐步丧失润滑能力。润滑脂的抗水性主要取决于稠化剂的抗水性与乳化性。工程机械在使用过程中，各摩擦点可能与水接触，这就要求润滑脂具有良好的抗水性。抗水性差的润滑脂吸收大气中的水分或遇水后往往会造成稠度降低甚至乳化而流失。

（6）防腐性

防腐性是润滑脂阻止与其相接触金属被腐蚀的能力。润滑脂的稠化剂和基础油本身是不会腐蚀金属的，使润滑脂产生腐蚀性的原因很多，主要是由于氧化产生酸性物质所致。一般而言，过多的游离有机酸、碱都会引起腐蚀。腐蚀试验常用于检测润滑脂是否对金属有腐蚀作用，测定的方法有好几种，试验条件也各异，但都是在一定温度和试验条件下，通过观察金属片是否变色或产生斑点等来判断润滑脂腐蚀性的大小。

（7）胶体安定性

胶体安定性是指润滑脂在储存和使用时避免胶体分解、防止液体润滑油析出的能力。润滑脂发生皂油分离的倾向性大则说明其胶体安定性不好，将直接导致润滑脂稠度改变。

（8）氧化安定性

润滑脂在储存与使用时抵抗氧化的作用而保持其性质不发生永久变化的能力称为氧化安定性。润滑脂的氧化与其组分，也即稠化剂、添加剂及基础油有关。润滑脂中的稠化剂和基础油，在储存或长期处于高温的情况下很容易被氧化。氧化的结果是产生腐蚀性产物、胶质和破坏润滑结构的物质，这些物质均易引起金属部件的腐蚀和降低润滑脂的使用寿命。

（9）机械安定性

机械安定性是指润滑脂在机械工作条件下抵抗稠度变化的能力。机械安定性差的润滑脂，使用中容易变稀甚至流失，影响润滑脂的使用寿命。

2．润滑脂的作用

润滑脂的作用，笼统地讲是用于机械的摩擦部分，起润滑和密封作用。也用于金属表面，起填充空隙和防锈的作用。下面以轴承润滑脂为例介绍润滑脂的作用。

（1）减少摩擦及磨损

在构成轴承的套圈、滚动体及保持器的相互接触部分，防止金属接触，减少摩擦、磨损。

（2）延长轴承的疲劳寿命

轴承在旋转中，如果滚动接触面润滑良好，则其疲劳寿命将延长；反之，润滑油黏度低，润滑油膜厚度不够，则其疲劳寿命将缩短。

（3）其他

润滑脂还有防止异物侵入轴承内部，或防止轴承生锈、腐蚀的作用。

为充分发挥以上作用，务必选用适合于使用条件的润滑方法和优质的润滑脂，设计出可清除润滑脂中的尘埃，防止外部异物侵入和润滑脂泄漏的适宜密封装置。

3．润滑脂的规格

常用润滑脂的主要质量指标及用途见表3—2。

表3—2　　　　　　　　常用润滑脂的主要质量指标和用途

名称	代号	滴点/℃（不低于）	工作锥入度/10^{-1} mm（25℃，150 g）	主要用途
钙基润滑脂 （GB/T 491—2008）	1号	80	310~340	有耐水性能。用于工作温度为55~60℃的各种工农业、交通运输设备的轴承润滑，特别是有水、潮湿处轴承的润滑
	2号	85	265~295	
	3号	90	220~250	
	4号	95	175~205	
钠基润滑脂 （GB/T 492—1989）	2号	160	265~295	不耐水（潮湿）。用于工作温度在-10~110℃的一般中等载荷机械设备轴承的润滑
	3号	160	220~250	
通用锂基润滑脂 （GB 7324—1994）	1号	170	310~340	多效通用润滑脂。适用于各种机械设备的滚动轴承和滑动轴承及其他摩擦部位的润滑。使用温度为-20~120℃
	2号	175	265~295	
	3号	180	220~250	
钙钠基润滑脂 （SH/T 0368—1992）	2号	120	250~290	用于有水、较潮湿环境中工作的机械润滑，多用于铁路机车、列车、发动机滚动轴承的润滑。不适于低温工作，使用温度为80~100℃
	3号	135	200~240	

续表

名称	代号	滴点/℃（不低于）	工作锥入度/10^{-1} mm（25℃，150 g）	主要用途
7407 号齿轮润滑脂（SH/T 0469—1994）	7407	160	75~90	用于各种低速，中、高载荷齿轮、链和联轴器的润滑。使用温度为 −10~120℃

4．润滑脂的充注方法

（1）润滑脂的使用注意事项

1）所加注的润滑脂量要适当。加脂量过大，会使摩擦力矩增大，温度升高，耗脂量增大；而加脂量过少，则不能获得可靠润滑而发生干摩擦。一般来讲，适宜的加脂量为轴承内总空隙体积的 1/3~1/2。根据具体情况，有时则应在轴承边缘涂脂而实行空腔润滑。

2）注意防止不同种类、牌号及新旧润滑脂的混用。避免装脂容器和工具的交叉使用，否则，将使润滑脂滴点下降、锥入度增大和机械安定性下降。

3）重视更换新润滑脂工作。由于润滑脂品种、质量都在不断地改进和变化，老设备改用新润滑脂时，应先经试验，试用合格后方可正式使用；在更换新润滑脂时，应先清除旧润滑脂，将部件清洗干净。在补加润滑脂时，应先将废润滑脂排出，直到在排脂口见到新润滑脂为止。

4）重视加注润滑脂过程的管理。在领取和加注润滑脂前，要严格注意容器和工具的清洁，设备上的供脂口应事先擦拭干净，严防机械杂质、尘埃和沙粒混入。

5）注意季节用脂的及时更换。如设备所处环境的冬季和夏季的温差变化较大，则不管是夏季用了冬季的润滑脂还是冬季用了夏季的润滑脂，结果都将适得其反。

6）注意定期加换润滑脂。润滑脂的加换时间应根据具体使用情况而定，既要保证可靠的润滑又不至于引起润滑脂的浪费。

7）不要用木制或纸制容器包装润滑脂，以防止润滑脂失油变硬、混入水分或被污染变质。润滑脂应存放于阴凉干燥的地方。

（2）加润滑脂的方法

加润滑脂的方法有涂抹法、脂杯法、脂枪法和集中给脂法四种。

1）涂抹法。手工涂抹不宜用裸手而应用工具。要求加脂量符合要求，润滑脂确实布满所有需润滑的轴承表面。在润滑脂使用过一定时期后，需要换脂或补脂。

2）脂杯法。在轴承旁开小孔以通向脂杯，将杯内的润滑脂不断补充给轴承。对高速轴承应设置逸脂阀，通过离心作用逸出轴承中过多的润滑脂，以减少轴承的摩擦功耗和高速带来的温升。

3）脂枪法。用脂枪通过压力将润滑脂经加脂孔注入轴承，多用来补脂。

4）集中给脂法。用泵通过管道将润滑脂统一输往各轴承部位，并保证润滑脂的流动路线能挤除旧润滑脂，将新润滑脂补入各润滑点。

脂枪法可用于多点润滑，点数更多时宜用集中给脂法。四种加润滑脂的方法对润滑脂的锥入度有所要求。

技能要求

电动机、风机轴承充注润滑脂

一、操作准备

1．选择润滑脂

根据电动机、风机轴承指定的润滑脂规格，准备适量的相同规格的润滑脂。

2．准备工、器具

准备长毛刷或清洁布、油脂枪、旋具、照明工具等。

二、操作步骤

步骤1　油枪装油

把准备好的润滑脂装入油脂枪。

步骤2　清理

（1）停止电动机、风机运转。

（2）用长毛刷或清洁布清除电动机、风机轴承上加脂孔处的污物。对于能清理出原润滑脂的轴承，应清理原润滑脂。

步骤3　加脂

油脂枪嘴对准电动机、风机轴承加脂孔，将润滑脂压入轴承内，直到满足要求为止。

步骤4　记录

记录加入润滑脂的牌号、加入时间、加入量及操作人员等情况。

水泵轴承充注润滑油

一、操作准备

1. 准备工、器具

准备长毛刷或清洁布、油枪、漏斗、油壶、照明工具等。

2. 选择润滑油

飞溅润滑的水泵应加注润滑油,按水泵轴承的要求选用相同规格的润滑油。

二、操作步骤

步骤1 停机

停止水泵运转,关闭水泵电动机电源。

步骤2 打开加油孔

用长毛刷或清洁布清除加油孔周围的污物,保证加油孔周围干净。打开水泵轴承加油孔。

步骤3 加油

加油前可打开放油孔放出原有润滑油并用干净润滑油冲洗油腔。封闭放油孔,从加油孔加油,直到满足要求为止。

步骤4 封闭加油孔

步骤5 记录

记录加油的时间、加油量、操作人员等情况。

三、注意事项

在加油过程中,注意观察油位的变化,油位控制在最高与最低限位之间。

第3节 更换定检装置

 学习目标

➤ 掌握压力表、温度计、安全阀的更换要求

➢ 掌握安全阀的检定要求
➢ 能更换压力表、温度计、安全阀

 知识要求

一、压力表和温度计的更换要求

在第1章中已经介绍过压力表和温度计的种类、规格等知识，此处仅介绍压力表和温度计的更换要求。

1. 压力表的更换要求

当在使用中发现压力表失准或到达使用年限时应及时更换。更换压力表时应合理选择压力表的量程。更换步骤如下：

（1）更换的压力表必须是经过计量部门检验合格的、有铅封的、在校验有效期内的压力表或有出厂合格证明的新表。

（2）换表之前，必须将三通旋塞旋至冲洗压力表的位置，将存水弯道内的污物冲洗干净。

（3）将三通旋塞旋至使存水弯道存水的位置，用扳手取下旧表，换上新的压力表。

（4）将三通旋塞旋至正常工作的位置，使新表投入运行。

2. 温度计的更换要求

更换温度计时要注意温度计的量程和精度，不允许用小量程的温度计测量超过其量程的温度。

二、安全阀

1. 安全阀的规格与作用

安全阀是一种安全保护用阀，它的启闭件受外力作用处于常闭状态，当设备或管道内的介质压力升高，超过规定值时自动开启，通过向系统外排放介质来防止管道或设备内介质压力超过规定数值。安全阀属于自动阀类，主要用于锅炉、压力容器和管道上，控制压力不超过规定值，对人身安全和设备运行起保护作用。

安全阀在制冷空调系统中是安全装置，当系统中压力超过规定的数值时，安全阀自动开启并排出系统中的制冷剂，使系统压力下降，达到保护制冷压缩机、系统设备以及人身安全的作用。

常用安全阀的种类有杠杆式安全阀、弹簧式安全阀和脉冲式安全阀。制冷系统

中常用弹簧式安全阀如图3—30所示。

当阀的入口压力与出口压力差超过设定值时，阀盘被顶开。阀盘一旦离开阀座，由于它下部的受压面积突然增加，就可以将阀门一下子开得很大，使工作介质从容器中迅速排出。

制冷空调设备上设置安全阀是严格的，例如，在压缩机的高压侧、冷凝器、高压贮液器、排液桶、低压循环贮液器、中间冷却器等设备上均需装安全阀。

2. 安全阀开启压力的设定

安全阀开启压力的设定值由需要保护设备的设计最高工作压力决定，而且要设定为工作压力的 1.05～1.1 倍。这是因为，一旦安全阀在超压时自动开启，往往不容易恢复到完全密封状态，从而造成制冷剂的经常泄漏损失，另一方面也不会因为设备内压力的偶尔波动，造成误开启动作，这样，对系统的强度和气密性来说，都是安全的。

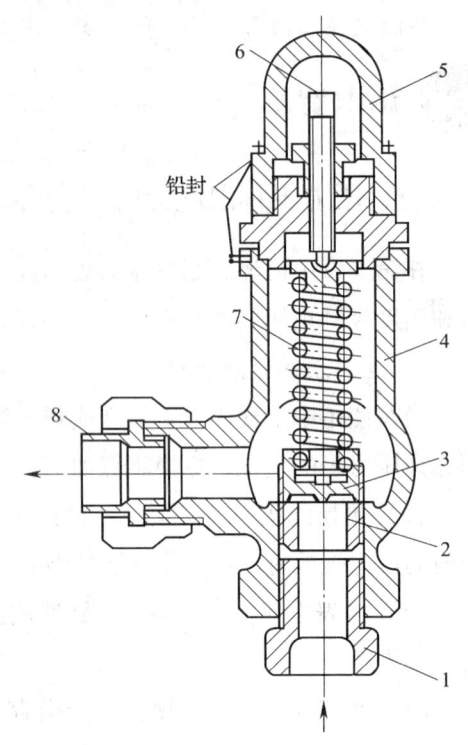

图3—30　安全阀
1—接头　2—阀座　3—阀芯　4—阀体　5—阀帽
6—调节杆　7—弹簧　8—排出管接头

在氨制冷装置中，压缩机高压安全阀的开启压力设置为当吸、排气之间的压力差达到 1.57 MPa 时自动开启；对于单机双级压缩机的低压级，其开启压力设置为当吸、排气之间的压力差达到 0.59 MPa 时自动开启。在冷凝器、高压贮液器等高压设备上的安全阀，当压力达到 1.81 MPa 时，应能自动开启；在中间冷却器、低压循环贮液器、低压储氨器等设备上的安全阀，当压力达到 1.23 MPa 时，应能自动开启。

在使用 R22、R134a 制冷剂的制冷空调系统中，冷凝器和高压贮液器安全阀的开启压力分别为 1.81 MPa、1.57 MPa；中间冷却器、低压循环贮液器、低压储氟器等设备上的开启压力分别为 1.23 MPa、0.98 MPa。

在设备上设置安全阀，最重要的一点是要求在开启时必须具有足够的排气能力。因此，安全阀应经额定排量试验合格后方能出厂，排放时气流阻力应尽可能小，以确保迅速排出超压部分的制冷剂。

3. 安全阀的检定要求

安全阀应该进行开启校验、定期检验。应每年由法定检验部门校验，每开启一次也须经法定检验部门校验，这也是安全阀必须铅封的主要原因之一。不允许操作者随意拆卸或调整安全阀。

4. 安全阀的更换要求

（1）安全阀的压力等级和使用范围必须满足承压设备工作状况的要求，不得互相替代。

（2）安全阀的材质必须满足不腐蚀或不严重腐蚀的要求，不同的制冷剂应选用不同的安全阀。

（3）工作压力不高、温度较高的承压设备一般选用杠杆式安全阀，高压设备大多数选用弹射式安全阀。

（4）安全阀应直接相连，垂直安装。安全阀与承压设备直接相连，除在安全阀与承压设备之间加一专用截止阀外，不得加装任何其他设施。安全阀应装在设备的最高位置，而且要垂直于地面。

（5）应保持安全阀畅通，稳固可靠。为了减少安全阀排放时的阻力，使全量排放时设备超压值尽可能小些，其进口、中间截止阀和排放管等在安装时，应保持通畅。安全阀与承压设备间连接短管的流通截面积、专用截止阀以及安全阀排放管的流通截面积都不得小于安全阀的流通截面积。若数个安全阀装在一根与承压设备本体相连的管道上，则管道的流通截面积应不小于所有安全阀流通截面积总和的 1.25 倍。排放管原则上应一阀一根，要求直而短，尽量避免弯曲，并禁止在排放管上装设任何阀门。排放管应有可靠的支撑和固定措施，防止引起安全阀本身的晃动。

（6）防止安全阀腐蚀，安全排放。若安全阀排放管内产生积液或有雨水侵入，应在排放管底部装设泄液管，以防积液腐蚀安全阀和排放管。泄液管应接至安全的地方，并应有防止冬季冻结的措施，同时禁止在泄液管上装设任何阀门。

 技能要求

更换压力表

一、操作准备

1. 工器具、材料

准备合适的扳手、密封垫圈、密封填料等。

2. 合格压力表

准备经过计量部门检验合格的、有铅封的、在校验有效期的压力表或有出厂合格证明的新压力表。

二、操作步骤

步骤1　关闭表阀

关闭压力表阀，把压力表和系统隔离开。

步骤2　拆卸

用扳手拆卸旧压力表。缓慢松动压力表，使少量的制冷剂泄出。确认压力表指针指示零位后拆下压力表。

对于氨系统，在拆卸压力表前要穿戴好防护用品，保持现场通风。

步骤3　安装

安装合格的压力表或新压力表。注意密封垫应保持完好，拧紧力矩应适宜，避免压力表松动。

步骤4　开启表阀

缓慢打开压力表阀，使更换的压力表投入工作。

步骤5　记录

把更换压力表的时间、更换的压力表情况（是新的还是经过检验合格的）、更换人员等填写在设备维修单上。

相关链接

1. 压力表取压点的选择

（1）取压点要选在被测介质作直线流动的直管上，不可选在管路拐弯、分岔或其他形成旋涡的地方。

（2）导压管应与被测介质流动方向垂直，管口与器壁应平齐，不能有毛刺。

（3）测量液体压力时，取压点应在管道下部；测量气体压力时，取压点应在管道上部。

2. 引压管的敷设

（1）引压管粗细合适，一般内径在 6～10 mm 之间，应尽可能短，最长不超过 50 mm。

（2）水平安装时应保持 1∶10～1∶20 的坡度，以便于积存在其中的流体排出。

（3）因被测介质易冷凝或冻结，所以应作必要的保温处理。

3．压力表的安装

（1）压力表应安装在满足规定的使用环境条件和易于观察维修的位置。

（2）测量高压气体或蒸气压力时，应加装 U 形隔离管或回转冷凝管。

（3）测量有腐蚀性或黏度大、有结晶或沉淀等介质的压力时，对压力表应采取保护措施，如安装隔离罐，以防腐蚀或堵塞。

（4）在有振动的情况下，应加装减振器；当被测压力波动剧烈、频繁时，应装缓冲器或阻尼器。

（5）压力表的连接处，应根据压力的高低、介质性质，加装密封垫片。

（6）在取压口到压力表之间靠近取压口处应安装切断阀。

（7）当被测压力不高、取压口与压力表又不在同一高度时，应对由高度差 ΔH 引起的测量误差按 $\Delta p = \Delta H \cdot r$ 进行修正（r 为被测介质的密度）。

更换温度计

一、操作准备

1．工器具、材料

准备合适的扳手、填料等。

2．合格温度计

准备有出厂合格证明的新温度计。

二、操作步骤

步骤 1　拆除

拆除旧温度计。对于玻璃水银温度计要防止玻璃破损。

步骤 2　安装

安装新温度计，注意温度计的感温包要与被测介质密切接触。温度计应固定牢固，避免过度振动。

步骤3　记录

把更换温度计的时间，更换的温度计的规格、型号，操作人员等情况记录在设备维修记录单上。

更换安全阀

一、操作准备

1. 工器具、材料

准备合适的扳手、密封垫圈、密封填料等。

2. 合格安全阀

准备经过法定部门检验合格的、有铅封的、在检验有效期的安全阀或有出厂合格证明的新安全阀。

二、操作步骤

步骤1　关闭阀门

拆除铅封，取下切断阀门的阀帽，关闭安全阀的切断阀门，使安全阀和设备隔离。

步骤2　拆卸

用扳手拆卸旧安全阀。动作应缓慢，取下前充分卸压，防止阀内少量的制冷剂危害身体。把连接管口清理干净，避免杂物进入管道。

步骤3　安装

安装新安全阀。接口应对接平正，不可强对接口。

步骤4　开启阀门

缓慢打开安全阀的切断阀门，使安全阀投入工作，盖好切断阀门的阀帽并做好铅封。

步骤5　记录

把更换安全阀的时间，更换的安全阀的规格、型号，操作人员等情况记录在设备维修记录单上。

思 考 题

1. 叙述机房、设备间的工作环境要求。
2. 叙述机房、设备间的安全要求。
3. 常用的防腐、防锈方法有哪些?
4. 叙述水冷却塔工作原理。
5. 叙述V带传动工作原理。
6. V带传动有何特点和要求?
7. 常用的紧固工具有哪些?如何选用?
8. 叙述液压浮球水位控制阀的工作原理。
9. 空气冷却式冷凝器常用的清扫方法有哪些?
10. 润滑油的主要特性有哪些?有何作用?
11. 润滑脂的主要特性有哪些?有何作用?
12. 安全阀起什么作用?更换安全阀有什么要求?
13. 更换压力表和温度计有什么要求?

参 考 文 献

1. 劳动和社会保障部中国就业培训技术指导中心组织编写. 制冷工. 北京：中国劳动社会保障出版社，2007
2. 邬振耀，徐德胜，孙兆礼，朱寅生. 制冷与空调. 上海：上海交通大学出版社，1991
3. 韩宝琦，李树林. 制冷空调原理及应用. 北京：机械工业出版社，2002
4. 谈向东. 制冷装置的安装运行与维护. 北京：中国轻工业出版社，2005
5. 李佐周. 制冷与空调设备原理及维护. 北京：高等教育出版社，1997
6. 李援英. 中央空调运行管理与维护. 北京：中国电力出版社，2001
7. 魏龙. 制冷空调机器设备. 北京：电子工业出版社，2007
8. 曾宗福. 机械设计基础. 北京：化学工业出版社，2007
9. 陈晓南，杨培林. 机械设计基础. 北京：科学出版社，2007
10. 陈送财. 建筑给排水. 北京：机械工业出版社，2008
11. 徐红升. 制冷与空调自动控制技术. 北京：电子工业出版社，2008
12. 河北水产学校. 冷藏库设计. 北京：农业出版社，1982
13. 李强. 工厂实用电工. 延吉：延边人民出版社，2003
14. 王吉华. 维修电工快速入门. 北京：国防工业出版社，2007
15. 吴业正. 制冷原理及设备. 西安：西安交通大学出版社，1997
16. 董天禄. 离心式螺杆式制冷机组及应用. 北京：机械工业出版社，2001
17. 戴永庆. 溴化锂吸收式制冷技术及应用. 北京：机械工业出版社，1996